魅力 | 能力 | 影响力

吸引法则

让人猛然心动的个人磁场反应

沙亚 著

沈阳出版发行集团
沈阳出版社

图书在版编目 (CIP) 数据

吸引法则：让人猛然心动的个人磁场反应 / 沙亚著
. —沈阳：沈阳出版社，2018. 3
ISBN 978-7-5441-9133-3

Ⅰ. ①吸… Ⅱ. ①沙… Ⅲ. ①成功心理 — 通俗读物
Ⅳ. ① B848.4-49

中国版本图书馆 CIP 数据核字（2018）第 042834 号

出版发行：沈阳出版发行集团 | 沈阳出版社
（地址：沈阳市沈河区南翰林路10 号　邮编：110011）
网　　址：http://www.sycbs.com
印　　刷：北京溢漾印刷有限公司
幅面尺寸：170mm × 240mm
印　　张：16
字　　数：210 千字
出版时间：2018 年 6 月第 1 版
印刷时间：2018 年 6 月第 1 次印刷
选题策划：张晓薇
责任编辑：杨敏成
封面设计：一个人 · 设计
版式设计：点石坊工作室
责任校对：张　晶
责任监印：杨　旭

书　　号：ISBN 978-7-5441-9133-3
定　　价：39.80 元

联系电话：024-24112447
E-mail：sy24112447@163.com

前言

人脉，是每个人都有可能获得的无形巨额财富。

人脉的重要性众所周知，事实上，几乎所有成功者都非常注重维持自己与他人的友谊，因为，这是获得资源的关键所在。但是，并不是所有人都知道如何获得人脉。

有位朋友，工薪阶层，收入一般。儿子马上要升初中，他决定节衣缩食、砸锅卖铁将孩子送进当地一所贵族学校。

大家不解，问为什么。

他回答说：“那所学校里都是有钱人家的孩子，有钱人，本身就是优质的人脉资源。孩子有了这样的同学，就等于先人一步拥有了优质人脉，将来就业、创业、择偶都有优势。”

果然爱子心切、用心良苦。

很多人都有类似思维，他们终日混迹在“感情深、一口闷；感情浅，舔一舔”的应酬场中，不惜伤身损体烂醉如泥，目标直指人脉打造。从效果来看，确实有些成效，但更多的是吃喝玩乐的一时兴奋，好像是结交了一帮铁打的兄弟，实则虚假繁荣，关键时刻多不靠谱。

人脉，不是挖空心思应酬来的。

人脉的基础，是你具备被人需求的资本，在你身上能够体现出“被使用”的价值：你的被需求量越高，被使用价值越大，才会越吸引别人主动来和你进行价值互换。

人脉，不是你认识多少人、喝过多少酒、跟多少人一起玩耍过，就能定义的，而是要看有多少人愿意主动、长期、持续与你保持良好关系。其关键在于，你的存在对于他人有价值，同时，他人的存在对你也有深意，你和他可以相互融合、取长补短，完成或精神或物质上的等价互换，能达到共赢的层次，这才是真正的人脉！

所以说，想获得优质的人脉，需要先把自己活成一个优质的存在，一个吸引别人的磁场。

人脉，是吸引来的。

你想让别人喜欢你、器重你、尊重你、追随你、拥护你，那么，请先拿出吸引别人的东西来，否则，就算你应酬得身心俱惫，酒喝得肠穿肚烂，也只是人家好友列表里一个不起眼的头像罢了。

你有吸引力了，别人就会主动接近你，人脉由此而生。

吸引力是我们每个人都可以具备的能量，它来自于心灵的散发，它佩戴在我们身上，就是光彩夺目的精神名片，时刻影响着我们，也影响着我们身边的人。你拥有什么样的吸引力，决定你在别人心中的价值。

当然，就像没有人天生就是社交家一样，吸引力也并非与生俱来。吸引力的培养，是个“取精华弃糟粕”的过程，是个不断修正的过程。一个人只有持续不断地对生命充满热情，对自己以及他人给予十足的热忱，追求真善美的境界，才能让自身魅力由内而外地散发出来，才能气场宏大、魅力无限。

如果你正在阅读这本书，那么显然你已经被本书的价值所吸引，你已经开始准备有意地接收更多对你大有裨益的指导，这就是吸引法则。

目录

CHAPTER 01 吸引，从自己开始

——你要主动成为自己的忠实 fans

CHAPTER 02 给价值充值

——创造你广泛持久的被需求度

CHAPTER 03 让气场暴涨

——量体打造专属自己的虹吸效应

CHAPTER 05 缝合品格的硬伤

——铲除埋伏在你心灵中的人格障碍

CHAPTER 06 抹掉性格的不可爱

——培养一整套人见人爱的社交家性格

CHAPTER 07 提升情感穿透力

——开放出你独一无二的情商影响力

CHAPTER 08 完成心距突破

——让大家都觉得你就是“自己人”

CHAPTER 09 识别与揭穿
——看破那些故意被你吸引的伪装者

吸引，从自己开始

——你要主动成为自己的忠实fans

一个不认同自己的人，他常在与他人的关系中扮演非常被动的角色，更不会得到他人的认可，他因此很难去争取对等的位置或权利，而一段位置极不对等的关系常常很难维系到最后。所以，要真心喜欢你自己，无条件认同你自己，这是很重要的一件事。

不要总觉得自己低人一等

自信和自卑是一个人面对他人时截然不同的两种心态。有的人无论在什么时候，什么条件下，面对什么人，或在干什么事，都对自己充满信心。这种人很容易走进别人心里，能够快速与陌生人成为好朋友。而有的人却恰恰相反，无论什么时候，什么条件下，面对什么人，无论做什么事，都战战兢兢惶恐不安，对自己完全没有信心可言，这种人很难得到别人的赏识，自然也不易走进别人的心里。

事实上，金无足赤，人无完人。任何人都不可能是完美的，就算努力弥补仍会有诸多遗憾。把任何一个人放在一群人中，他的缺点都会被放大，看起来非常显眼。然而充满自信的人非常懂得扬长避短，在群体中总能展示自己优秀的一面，不断增强自己成功的信念。相反，缺乏自信心的人则总是把自己的缺点与别人的优点放在一起比长短。比来比去，只能强化自己的自卑感。

一个人，能否具备强大的吸引力，关键在于他是否具有一个自信的心态。

艾菲在《我不再羡慕》这篇文章里讲述了一段自己的故事，对我们很有启示意义：

艾菲16岁那年从山沟里跨进了大学的殿堂，浑身上下散发着土气。她没有学过英语，不知道安娜·卡列尼娜是谁；不会说普通话，也不敢在公共场合说一句话；不懂得烫发能增加女性的妩媚；第一次看到班上男同学与女同学跳舞，她吓得心跳脸红。

她上铺的丽娜是一个大城市的女孩子，能讲一口流利的普通话，一口发音准确吐字清楚的英语。丽娜见多识广，安娜·卡列尼娜当然不在话下，还知道约翰·克利斯朵夫。丽娜用白手绢将柔软的长发往后一束，用发钳把刘海卷弯。丽娜只要在公开场合出现，男同学就前呼后拥地争献殷勤。

浑身土气的艾菲处处与洋气十足的丽娜比较，比来比去，比得自己一无是处，比得自己只剩下了遗憾自卑。艾菲就这样被笼罩在自卑的阴影里难以自拔，整天只会重复着对他人的羡慕。

然而，有一次，当丽娜不厌其烦地描述着她八岁那年如何勇敢地从城西换一趟车走到城东时，艾菲突然想到，自己八岁那年独自翻越几座大山，把自己养的一头老黄牛从深山里找回来的往事。

从此艾菲不再羡慕丽娜，遗憾、自卑的心理阴影荡然无存，于是，艾菲又恢复了往日在大山中的自信。

我们所有人如果和他人相比较，总会有很多方面不如别人，和别人存在着差距，就像艾菲和丽娜一样。两个人生长在两种截然不同、差异很大的环境中。丽娜具有的东西，艾菲未必会有。但反过来想，艾菲拥有的东西，丽娜也未必有。所以我们并不必为自己的缺陷而遗憾、自卑。正确的心态就是既了解自己的短处，更要了解自己的长处。不要让自己的缺陷为自己制造自卑，要尽量多想想自己的优点，使自己充满自信。

自卑不仅会使自己陷于孤独、胆怯之中，而且会造成心理压抑。

受这种心理的支配，我们就会越来越不敢主动去和别人交往，在社会上也越来越封闭。克服自卑感的方法有很多，最有效的就是对自己进行“心理暗示”。比如，在与人交往感到恐慌时，你不妨想一想：我的社交能力虽然还不够好，但别人开始时也是这样的，不管做什么事，开始时都不见得能做好，多做几次就会更好了，其实大家都是这样的。所以说，自信是吸引力的必备素质。

培养喜欢自己的美妙心境

不喜欢自己的人，总有一箩筐的理由：我太矮、我有青春痘、我不擅长交际、我的学问不高、我家境清寒、我父母不体面……

而喜欢自己的人，却不一定说得出多么冠冕堂皇的理由。他们喜欢自己，并不盲目，他们不相信自己是十全十美，反而清楚地认识到自己和其他人一样，有很多缺点。只不过，他们愿意接受自己的一切，一切的优点和缺点，不企图掩饰，不刻意改变；当然，更不会痴妄地羡慕他人。

喜欢自己，是快乐的起点。

人，天生不平等，有美丑胖瘦、高矮贫富，但是也有公平的一面，所有的好条件与所有的坏条件，都不会同时集中在一个人的身上。仔细思索，美丽的人或许太懒惰，以致一事无成；而能干的人可能过于操劳，损害了身体；富有的人纵情声色，未必能保有美满的家庭；有学问的人自律严谨，说不定也会失去发财的机会。这样想来，人人都有所得，却也不自觉地失去了什么。

只有喜欢自己的人才知道，快乐的秘密不在于获得更多，而在于珍惜既有。能深刻检点自己所拥有的幸福，就会明白，其实人人都蒙恩宠，享有莫大的福气。

没有人能确切明白自己是不是真的受人欢迎，可是每一个人都可以扪心自问：我是不是喜欢自己？

心理学家凯特发现，要让他人喜欢真正的你，就应该培养喜欢自己的特质。或许你会感到十分惊讶，因为一般人认为可以吸引人的美貌、魅力、人际关系等，并不是你需要具备的特质。

这个世界上有很多人生来既不美丽，又不富有，可是却能受到朋友的喜爱，最重要的道理是：他们真心喜欢自己。

假如你能接纳心理学家凯特的建议，或许你也能轻易成为一个喜爱自己的人。

喜欢自己，其实很简单。你无须换上漂亮的衣服，变副讨人喜欢的面孔，说些迎合他人的言语，只要你静下心来，学习看重他人，看重自己，培养成熟独立的个性，你就向“喜欢自己”这个目标，迈进了一大步。

现在，你应该问问自己：谁是这个世界上最重要的人呢？

正确的答案应该是：你自己。

你在忙着想赢得整体世界的肯定之前，别忘记先讨好最重要的一个人——学会喜欢自己，接纳你自己。

别老想着如何取悦别人

人的本性趋向于寻求他人的赞美和肯定，尤其对于有威望或有控制力的对象（如父母、老师、上司、名人名流等），他们的赞美肯定更加重要。取悦者会沉迷于取悦行为所换得的肯定，这很好解释，如果某件事让人有了愉悦的体会，那他就可能持续做这件事，以便继续维持这种美好的感觉。

但，我们得到的感觉其实并不美好。

一位著名艺人，对于取悦别人与取悦自己有正反两方面的深刻体会。她说："过去我总是不遗余力地想使自己符合男人的标准，我够好吧？成为口头禅，但常常感到被轻视。现在我会说：这就是我！却得到前所未有的尊重。自尊，才是最具魅力的品质。"

为了取悦别人而活着，最终必然丧失真正的自己。只有先取悦自己，做最好的自己，然后才能得到他人的喜欢和尊敬。

一位诗人。他写了不少的诗，也有了一定的名气，可是，他还有相当一部分诗却没有发表出来，也无人欣赏。为此，诗人很苦恼。

诗人有位朋友，是位禅师。这天，诗人向禅师说了自己的苦恼。禅师笑了，指着窗外一株茂盛的植物说："你看，那是什么花？"诗人看了一眼植物说："夜来香。"禅师说："对，这夜来香只在夜晚开放，所以大家才叫它夜来香。那你知道，夜来香为什么不在白天开花，而在夜晚开花呢？”诗人看了看禅师，摇了摇头。

禅师笑着说：“夜晚开花，并无人注意，它开花，只为了取悦自己！”诗人吃了一惊：“取悦自己？”禅师笑道：“白天开放的花，都是为了引人注目，得到他人的赞赏。而这夜来香，在无人欣赏的情况下，依然开放自己，芳香自己，它只是为了让自己快乐。一个人，难道还不如一种植物？”

禅师看了看诗人又说：“许多人，总是把自己快乐的钥匙交给别人，自己所做的一切，都是在做给别人看，让别人来赞赏，仿佛只有这样才能快乐起来。其实，许多时候，我们应该为自己做事。”诗人笑了，他说：“我懂了。一个人，不是活给别人看的，而是为自己而活，要做一个有意义的自己。”

禅师笑着点了点头，又说：“一个人，只有取悦自己，才能不放弃自己：只要取悦了自己，也就提升了自己：只要取悦了自己，才能影响他人。要知道，夜来香夜晚开放，可我们许多人，却都是枕着它的芳香入梦的啊。”

人，如果总是忙着取悦别人，去为别人的期望而生活，就会忽视自己的生活，忽视自己到底喜欢什么、到底想要什么、到底需要什么。最后，已经忽视了自己的存在。可是，你拥有自己的人生，这是你的一项权利，你为什么要放弃？你对自我的放弃，能换来的其实只是更多的蔑视和鄙夷。

所以，别老想着取悦别人，你越在乎别人，就越卑微。只有取悦自己，并让别人来取悦你，才会令你更有价值。一辈子不长，记住：对自己好点。

顺从与讨好，称不上是吸引

佳丽没别的毛病，就是天生的耳根子软，别人说什么她听什么，大家背地里都戏称她为“应声虫”。比如说中午订餐，同事问佳丽吃什么，她犹犹豫豫地想了一会儿说：“吃扬州炒饭吧！”同事一听：“扬州炒饭有什么好吃的，就要鱼香肉丝盖饭吧！”佳丽赶紧点头：“行，行，行！”不但生活中这样，工作中也是这样，她从来也提不出什么像样的意见，什么事都听人家的，所以单位里开会时，佳丽永远是坐在角落里发呆的那一个。像她这样，又怎能得到老板的重视呢？

办事没有原则，有时就表现为一味地迁就、顺从别人。由于自己没有立场，所以很容易被他们所诱惑或利用。迁就别人，表面看来是和善之举，但实际上则是软弱的表现。软弱到一定程度，就会逐渐失去自信力，而没有自信力的人是没有吸引力的。有时，性格上的自卑和懦弱，也表现为没有自己的立场和观点。自卑，就会觉得处处不如别人，怯懦则往往会导致卑微，时时看着别人的脸色行事，自己的气场又在哪里呢？

人总要有自己的原则、自己的立场，不能只一味顺从别人，一点主见也没有。这里的原则既包括办事的方法，也包括日常生活中为人、处世的立场、原则，少了哪个都会给你带来困难，并将影响你的生活。

著名漫画家蔡志忠先生讲过这样一句话：“每块木头都是座佛，只要有人去掉多余的部分；每个人都是完美的，只要除掉缺点和瑕疵。”正是如此，每个人都有他自己的长处，为什么非要去迎合别人的口味呢?

人若想拥有强大的气场，吸引众多的人脉资源，就要有自己的特质，要有自己的一套规则。你只有用自己的能量磁场让别人向你聚集，遵守你的规则，顺从你的意愿，他们才算真正被你吸引来的。

相信自己是一个美好的存在

你要相信，你原本就是一个很美好的存在，不需要因为太多，只因为你的独一无二。

这个本质美好的自己不会受任何外界、物质环境的影响。而最贴近这个美好本质的就是成为你自己，做你喜欢做的事，和自己喜欢的人相处，真实真诚地表达自己内心的想法。

一个小女孩儿，从小家里就很穷，所以一直因为自卑封闭着自己的心，觉得自己事事不如别人，她不敢跟别人说话，不敢正视对方的眼睛，生怕被别人嘲笑自己的丑陋。直到有一年春节，妈妈给了她 20 元钱，允许她到街上去买一样自己喜欢的东西。她走出了家门，来到了街市上。看着街市上那些穿着入时的姑娘，她心里真的很羡慕。忽然她看到了一个英俊潇洒的小伙子，不由地心动了，可是转念一想，自己是如此的平凡，他怎能看上自己呢？于是她一路沿着街边走，生怕别人会看到她。

这时候，她不由自主地走到了一个卖饰品的店面前，她想买一支头花。老板很热情地招待了她，并拿出各种各样的头花供她挑选。这时候，老板拿出了一朵金边蓝底的头花戴在了女孩儿的头上，并把镜子递给她说：“看看吧，戴上它你现在美极了，你应该是天底下最配得上这朵花的人。”小女孩儿站在镜子前，看着镜子里那漂亮的自己，真的有说不出的高兴，她把手里的20元钱递给老板，高高兴兴地走出商店。

女孩儿这个时候心里非常高兴，她想向所有人展示自己头上那朵美丽的头花，果然，很多人的目光都集中在了她的身上，还纷纷议论：“哪里来的女孩儿？这么漂亮！”刚刚让她心动的男孩儿也走上前对她说：“能和你做个朋友吗？”这时候的女孩儿异常兴奋，她轻轻捋顺了一下自己的头发，却发现那朵蓝色的头花并不在自己的头上，原来她在奔跑中把它搞丢了。

生活当中有很多事都是这样的，我们盲目地自卑，乃至封闭自己，认为自己一无是处，认为自己很多事情都拿不出手，但是如果有一天你真的打开了封闭已久的那扇心门，遵从自己的心，听取自己心灵的声音，就会发现，原来你还有那么多连自己都没有意识到的优秀特质。它一直都在我们身上，只不过我们因为封闭自己太久而没有将它很好地利用，而现在我们终于可以靠着这些优点快快乐乐地去生活了。

开放自己的心灵吧，请接收你自己，别让自卑再伤害你的幸福。试着和你认为比自己强的人接近，你会发现他亦不过如此；试着做你不敢做的事，你会发现原来自己也很优秀；试着用一种开朗的方法来改变自己的生活，你会发觉以前的自己是那么愚蠢可笑；试着自信的迎接这个世界，你会发现原来自己那么有吸引力。

外貌，不是吸引力的重头戏

不论我们外表看起来多丑多坏，我们的本质始终是美好的，吸引力不会因为你的长相而减半。

长相有缺憾的人，多会因此而自卑。这种自卑感压抑了人的自尊心、自信心和上进心，甚而会影响人生一辈子。这些人显然没有意识到，相貌只是让别人认出你，内心才是真正的自己。

诚然，相貌的美丑的确会影响别人对你的印象，但并不是绝对的影响因素。相貌有缺憾的人并不是一无所长，只要能把自己的长处发挥出来，一样可以令别人刮目相看。

凯丝·达莉从小就表现出了不错的歌唱天赋，她想成为一名歌唱演员，但她的脸并不好看，而且天生长有龅牙。

长大后，她来到新泽西一家夜总会唱歌。为了掩盖自己的缺点，她总是将上嘴唇尽力下拉，谁知这样一来非但没有使自己变得好看，反而大大影响了歌唱的质量，结果洋相百出。她哭了，哭得很伤心，坐在台下的一位音乐家听出了她的天分，于是说道：“我一直在注意你的表演，你很有天分，但你的掩饰动作影响了自己的发挥。坦率地说，我知道你想掩饰什么，龅牙对吗？可又有谁说龅牙就一定难看？记住，观众欣赏的是你的歌声，而不是你的牙齿，你只要把歌唱好就可以了！”

这番话虽然令凯丝·达莉有些难堪，但同时又使她受到了极大震动。她接受了音乐家的忠告，忘记龅牙，放情歌唱。她的歌声征服了在场的所有人，这使得她迅速走红美国演艺圈，而那几颗一直被她掩藏的龅牙，也成了凯丝·达莉的标志，广为歌迷所称道。

缺陷不是人的弱势，缺陷反而会激发人们求取完善的意志，警策人们自知之明的睿智，提取人们应对失败的心智。正是因此，美学上才有了“丑到极致就是美到极致。”的观点。丑是一种缺陷，而正视自身的丑，并且把丑张扬到极致，就是一种美了。

自闭，会封闭你所有的吸引力

自闭的内心总是给我们的生活和人生带来无法摆脱的沉重的阴影，让我们关闭自己情感的大门。没有交流和沟通的心灵只能是一片死寂。

汪薇的丈夫两年前不幸去世，她悲痛欲绝，自那以后，她便陷入了一种孤独与痛苦之中。“我该做些什么呢？”在丈夫离开她一个月后的一天，她向医生求助，“我将住到何处？我还有幸福的日子吗？”

医生说："你的焦虑是因为自己身处不幸的遭遇之中，30 多岁便失去了自己生活的伴侣，自然令人悲痛异常。但时间一久，这些伤痛和忧虑便会慢慢减缓消失，你也会开始新的生活——走出痛苦的阴影，建立起自己新的幸福。"

"不！"她绝望地说道，"我不相信自己还会有什么幸福的日子。我已不再年轻，身边还有一个 7 岁的孩子。我还有什么地方可去呢？"她变得郁郁寡欢，脾气暴躁，打这以后，她的脸一直紧绷绷的。没有人能够真正走进她的内心，她的世界。

人在不开心时偶尔给自己一个独处的空间无可非议，但如果将这种行为长久延续下去，就是一种心理障碍了。事实上，现代都市人已经越来越习惯将自己封闭了。不知从何时起，人们开始对外面发生的事情心怀恐惧，不愿意与别人沟通，不愿意了解外面的事情，将自己的心紧紧地封存起来，生怕受到一点伤害。

自闭性格的人经常会感到孤独。有些人在生活中犯过一些"小错误"，由于道德观念太强烈，导致自责自贬，看不起自己，甚至辱骂、讨厌、摒弃自己，总觉得别人在责怪自己，于是深居简出、与世隔绝；也有些人非常注重个人形象的好坏，总觉得自己长得丑，这种自我暗示，使得他们十分注意他人的评价及目光，最后干脆拒绝与人来往；有些人由于幼年时期受到过多的保护或管制，内心比较脆弱，自信心也很低，只要有人一说点什么，就乱对号入座，心里紧张起来。

一个封闭自己的人，他的心永远找不到属于自己的快乐和幸福，尽管那一切美好的东西尽在眼前，但是如果不打开那道封闭的门走出去，那么将什么也得不到。人生是短暂的，我们需要三五知己，需要去尝试人生的悲欢离合，这样的人生才称得上完整。我们没必要在自我恐惧中挣扎，更没必要过于小心翼翼地活着，想去做什么就去做，想去说什么就去说，这样心情才会愉悦起来，生活才不至于因为自闭的单调而失去意义。

自闭性格是心灵的一把锁，是对自己融入群体的所有机会的封闭，自闭性格不仅会毁掉自己的一生，也会让周围的朋友、亲人一起忧伤。

自我封闭阻隔了个人与社会的正常交往，便会使人认知狭窄，情感淡漠，人格扭曲，最终可能导致人格异常与变态。

我们必须明白，每个人都是社会的一员，都需要走向社会，才能在社会生活中实现自己。每个人都需要提高对社会交往与开放自我的认识。交往能使人的思维能力和生活机能逐步提高并得到完善。交往能使人的思想观念保持新陈代谢。交往能丰富人的情感，维护人的心理健康。一个人的发展高度，决定于自我开放、自我表现的程度。克服孤独感，就要把自己向交往对象开放；既要了解他人，又要让他人了解自己，在社会交往中确认自己的价值，实现人生的目标，成为生活的强者。

自闭会封闭你所有的吸引力。所以，我们必须勇敢地从自闭的阴霾中走出来，去享受外面的新鲜空气，外面的明媚阳光，在这个生活节奏不断加快的当代社会中，我们一定要走出自闭的牢笼，走入群体的海洋。只有这样才能找到真正属于自己的那份自信，营造属于自己的强大吸引力。

越自怜，越不能走出泥潭

沮丧和自怜往往会使现实向不利的方向发展。沉浸在沮丧之中不能自拔的人，最终只能使自己变得更加沮丧。

崔馨月今年才 36 岁，给人的感觉就像到了更年期一样，她在朋友、同事面前做得最多的事就是抱怨自己的“不幸”：丈夫的收入没有朋友的老公高；孩子不像同事家孩子那样听话；大学时样样不如自己的人，现在开着豪车住着豪宅，等等。她一边抱怨，一边说自己可怜，说着说着眼圈就红了，声音也开始哽咽了。事实上，崔馨月的生活在同龄人中算是不错的：老公是一家事业单位的骨干；一儿一女都长相清秀，聪明伶俐；她本人也拿着不低的工资；生病了还有医疗保险……可是，崔馨月将注意力都集中在了那些“可怜”的事情上，见人就说，弄得朋友、同事也对她敬而远之，往往崔馨月一开口，大家都唯恐避之不及，觉得她太矫情，“明明挺好的，干嘛故意把自己说得那么惨……”

从心理学来看，崔馨月其实是产生了自怜情结。这种情结是随着社会进步而蔓延开来的。一方面，商品经济社会不可避免地令人的欲望升腾，现实与需求之间的鸿沟越来越宽，让人备感失落；另一方面，生活条件的改善让人们拥有了更多的控制感，而对“失去”的担心让人们越发觉得心里没底、最终丧失了平常心。于是，在这种心理失衡的背景下，人们经常感到自己“太不容易了”。

“自怜”的发展会经过两个阶段：

第一阶段是假性自恋，内在的原因往往是希望获得理解，维护自己的“自尊”。一些人觉得自己生活得不如比人，于是便利用各种可能的场合，向大家解释造成这种状况的各种“不可控”因素，表现为自怜，譬如说：向别人表示自己怀才不遇，一再强调不是自己不行，而是领导有眼无珠。

第二阶段才是真性。当假性自怜成为一种习惯以后，随着时间的延长，当事者会产生抑郁情绪。到了这一个阶段，他们已经很难意识到自怜的初衷——维护自尊，而是深陷其中。这个时候，别人看他们挺好，他们却拿自己当草，陷入自卑自怜的恶性循环之中。

现代都市中，像崔馨月一样喜欢“自怜”的人不在少数，他们就像祥林嫂一样，逢人便诉说自己的“不幸遭遇”，似乎这个世界上最值得同情的人就是她自己。他们原本是希望得到别人的理解和认同，结果却让周围的人越发反感，导致自己的生活圈子越来越狭小、朋友越来越少。

其实，自怜和冷热痛痒一样，也是一种自我察觉，是对现在状态的自我评价，然后会有相应的情绪和行为来进行自我调节。从这个角度上说，自怜虽然是一种消极心理，但适当的自怜也是有益身心的。打个比方来说，知道冷了就添衣显然有助于身体健康，那么“委屈”就像是心理健康的警戒线，督促人们及时心理“排毒”，这显然对身心健康也是有益的。不过，凡事过犹不及，自怜心理一旦过了头，对人对己都是祸害。最终像黛玉一样一腔幽怨化作淋漓鲜血也不无可能。

在当代，很多娱乐节目、选秀节目、电影、小说都在消费苦难，对痛苦进行病态的审美，仿佛非要较个“谁比我更惨”的真。很多原本便多愁善感的文青都沉溺其中，尤其是女文青往往会认为《红楼梦》中黛玉“葬花吟”的情愫是诗一样美丽的。但事实上，这种情愫在文艺作品中欣赏一下即可，真的把它带到生活中，并没有多少好处和美感。当一个人不断强调和暗示自己多么可怜，多么悲惨时，他是不会具备吸引力的，他极有可能就真的变得很惨了。这在心理学上叫“自我实现的寓言”，就是说你内心的想法创造了你个人的实相。所以说，我们真的不应该太过自怜，甚至有时不妨合理的自恋一点，这会有效地增加你的吸引力。

你不再羞怯，然后才有魅力

与人交往的最大障碍就是“害羞”。它就像一根潮湿的火柴，永远也不能点燃成功的火焰。在这种害羞心理的影响下，很多人总是表现得犹豫不决、缩手缩脚，舌头打滚、语无伦次。这就像一个初次登台的演唱者，无论他在台下准备得如何充分，但演唱效果却并不会很好一样。这些在生活中司空见惯的问题不仅会影响你的社交活动，缩小你的人脉资源；而且会给你的日常生活和工作设置很多障碍。唯有克服害羞心理，我们才能逐步提升自己的吸引力。

美国前总统富兰克林·罗斯福的夫人艾莉洛出身名门，在这样的家庭背景熏陶下，按正常的推算来说，她应该拥有十足的自信心，然而，事实却与我们的推算相反。在她的内心深处，她一直认为自己是个笨拙的丑小鸭：长相平凡、举止羞涩。而且，她的母亲、婶婶都是社交界名媛，在这种比较之下，她更认为自己像极了丑小鸭！所以，她十分不喜欢参加各种舞会。

然而，一次圣诞节的舞会却使她发生了改变。

在这个舞会上，一位叫作富兰克林·罗斯福的年轻人注意到了艾莉洛，并上前邀请羞涩的艾莉洛跳舞，两人在舞池之中翩翩起舞，此刻，艾莉洛忘记了害羞，忘记了恐惧，全身心地沉浸在舞蹈的海洋里。但就从这一次邀请之后，艾莉洛战胜了害羞，成了一个拥有自信笑容的魅力女人。

艾莉洛给我们的启示是：很多时候，阻碍你与别人交往的并不是你的外表，而是你害羞的内心，许多人之所以对社交恐惧，并不是因为他们不能成功，而往往是因为他们无法摆脱害羞的心理，自我设置了一条迷信和自卑的锁链，绑住了社交的双脚。

害羞可以轻而易举地毁掉一个颇具才华的人，因为在他的潜意识里总是认为："我不敢，我一定会被人嘲笑讥讽。"因此，一旦让他们出现在公众场合，他们却不敢去和别人沟通，白白丧失了结识新朋友的机会。

然而他们不明白，这样的害羞心理将会大大减弱自己的自信心，也同样会大大减少自己成功的机会。因此，在以后的社交中，害羞的你应该多想一些和人交流的乐趣，大胆去交流，无论你是一个多么害羞的人，只要你勇敢地迈出了第一步，那么才会有以后的无数步。

关于克服害羞心理，成功学大师卡耐基先生最有经验，而在他的众多经验中最基本的经验就是："你要假设别人都欠你的钱，正要求你多宽限几天；你是神气的债主，根本不用怕他们。"由此可见，克服害羞心理的关键是建立自信心，并不断调整自己的心态，从容以对，处之泰然，不要顾虑太多。如果你带着重重的思想包袱出现在众人面前，岂有不紧张不出汗不羞怯之理？为了能更好地拥有丰富的人脉资源，从现在起，你必须改变自己的心态，建立自己的自信，强化自己的心理素质，这是当务之急。

没有什么能阻止你吸引别人

当你觉得自己没有资格吸引别人时，事实其实并不是这样。每个人身上都有一种特有的气场，你把它最大限度地挥发出来，你就能吸引到别人的目光。

生活可能会给你这样那样的残酷，然而更多时候，当生活残酷地紧闭一道门时，只要你不放弃自己，它就会悄悄地敞开另一扇窗，关键在于，你肯不肯去推开它，迎接生命中的曙光。

在东北吉林有一个袖珍姑娘，她出生时因为母亲难产患上了生长激素缺乏症，只有通过注射生长激素才能长高，但这种东西价格不菲，普通家庭根本承担不起，她的父母含着泪停止了她的治疗，后来，因为骨骺闭合，她的身高最终停留在了 1.16m，但就算如此，也未能阻止她不断追逐自己梦想的高度。这个姑娘，心理上没有丝毫自卑，除了身高，你看不出她与正常人有什么两样，甚至，她比那些人高马大、四肢健全却一身软骨头瘫做烂泥的人，看上去还要高端大气上档次很多。

其实，一般袖珍人在成长过程中所遭遇的问题和困扰，她都经历过，只是她都能以乐观坚强的性格一一克服。

因为身高的原因，求学时她就遇到了很多困难，入学、升学、考试等各种问题，甚至大学都是站着上完的，但她仍然靠自己的努力顺利通过了英语专业八级的考试，并顺利毕业。

作为长春师范院校英语专业的学生，当老师是她最大的梦想，然而 116cm 的身高注定了她与这份深爱的职业无缘。接下来的每一次招聘会，她都会被无情地伤害，尽管她的英语口语和文字都比较好，但用人单位只要一看到她的身高，就都会将她拒之门外。那时节，她家周围一些有残疾的、从事卖报纸、修汽车等工作的朋友曾想帮她找一份类似的工作，都被她婉言谢绝了，不是看不起这样的工作，只是她觉得放弃这么多年的所学，真的不甘心。她仍坚持着跑招聘会，后来，长春市一家制药企业终于被她坚强的信念所感动了，他们向她伸出了橄榄枝，与她签订协议聘请其担当英语翻译。

得到了稳定的工作，她开始有计划地去实现自己的梦想，她的梦想有很多，大多与袖珍人有关。这个坚强且博爱的姑娘深知自己的遗憾已经无法弥补，但她不想让更多的袖珍人再留下遗憾，于是经过不懈的努力，“全国矮小人士联谊会”在她的推动下成立了，目前已在全国各地初具规模，在收获事业的同时，她也在联谊会里收获了自己的爱情。

2011 年，这个袖珍姑娘身穿白纱挽着自己的爱人步入了神圣的婚姻殿堂，这在早些年甚至是她从没想到能够实现的梦想。

婚礼上，30 多名苏浙沪的袖珍人带着对这对新人的祝福来到现场。“我们也希望能像他们一样幸福，找到可以相伴一生的人！”多名“袖珍姑娘”沉浸在喜悦中。婚礼现场更感人的一幕是，来自全国各地的 99 名袖珍朋友隔空发来了对新人的祝福视频。从“中国达人秀”走出来的“袖珍明星”朱洁和秦学仕也来到现场，献上了一曲《甜蜜蜜》，祝福新人婚姻甜蜜，生活美满。

这个全国知名的袖珍才女叫作逯家蕊，她的微博标签是“袖珍女孩、水晶人生”。

我们追求美，我们追求完美。然而，那断臂的维纳斯令我们心醉，那种因残缺而更显美丽的魅力震撼人心。

一个人，即使身有残疾，也不应该失去意志，应该更努力去实现人生的价值。一个人，只有心里的火焰被点燃，只有身上的价值被体现，才能把别人的目光凝聚过来。如果消沉，放任自流，那无疑是令自己有缺憾的生命雪上加霜。今生，不论生命给你的是馈赠还是缺憾，请爱你的心灵，别让它沾染人世的黑暗，别让它因为受苦而不再具备吸引力。

许多事你无力回天，许多缺失你无法挽回，但自卑、自怜无济于事。你唯一能让自己解脱的，是选择爱自己的心灵，让你的心完美。也许你没有财富，也许你没有靓丽的容颜，也许你天生就有残疾，但是，谁说你不能吸引到别人呢?

真实的自己才有绝对吸引力

有些人可能习惯了戴着面具生活，他们煞费苦心地掩盖自己的某些不足和缺陷、身世和背景，或是将自己置身于一个虚幻的境界之中，这是非常无知和自卑的。这些人企图以一个十全十美、无所不能的形象出现在别人面前，以此来博得大家的爱戴和尊敬，殊不知这样做是徒劳无益的，到头来反而还会使自己落到非常尴尬的境地。因为假的、虚的东西，总是非常短命的，就像烟雾再浓密总会散去、彩虹再美总是短暂、海市蜃楼再壮观总会消失一样，虚伪就如同大雪覆盖下的荒原，春天到来，冰雪融化，贫瘠，荒凉的面貌就会暴露无遗。

曾看到这样一个故事，很值得我们深思：

有一位女子，出身一个平常的家庭，做一份平常的工作，嫁了一个平常的丈夫，有一个平常的家，总之，她十分平常。

忽然有一天，报纸大张旗鼓地招聘一名特型演员，演王妃。

她的一位好心朋友替她寄去一张应聘照片，没想到，这个平常女子从此开始了她的“王妃”生涯。

太艰难了，她阅读了大量的关于王妃的书，她细心揣摩王妃的每一缕心事，她一再地重复王妃的一言一行、一颦一笑……

不像，不像，这不像，那也不像！导演、摄影师无比挑剔，一次又一次让她重来……

现在，平常女子已能驾轻就熟地扮演“王妃”了，进入角色已无须费多少时间。糟糕的是，现在她想要恢复到那个平常的自己却非常的困难，有时要整整折腾一个晚上。每天早晨醒来，她必须一再提醒自己“我是XX”，以防止毫无理由的对人颐指气使；在与善良的丈夫和活泼的女儿相处时，她必须一再地告诉自己“我是XX”，以避免莫名其妙的对他们喜怒无常。

平常女子深有感触的对人说：“一个享受过优厚待遇和至高尊崇的人，恢复平常实在太难了。”

说这话时，她仍然像个“王妃”。

所谓假作真时真亦假，许多人都是这样被“戏装”异化了，以至于曲终人散后，还卸不下妆来，也找不到自己。蓦然回首，那些希冀着的，仍需希冀，那些渴盼着的，仍需渴盼。唯独改变了的是自己的本性。扪心自问：“我是否在意过自己最真实的内心世界？尊重过自己的本性？”心真的会告诉我们那个最真实的答案。

人，活着不是装给别人看的，也许我们身上穿的不是金缕玉衣，戴的不是翡翠玉石，但我们的内心深处，同样可以拥有一种坦然，一种摆脱一切伪装的自在。

我们要活得真实一些，去面对现实，面对理想与现实之间的差距，只有这样，我们才会稳下心来，为自己的理想与生活去打拼，才能展现出我们自己真正的魅力；也只有这样，我们的腰杆才能直直的挺起，才不会在朋友面前谈到自己时，心里发虚。

做真实的自己吧，做真实的自己，你吸引来的目光，才是因为你的魅力。

给价值充值
——创造你广泛持久的被需求度

从人性利己的角度来说，你可以提供给他人价值，愿意与你建立关系的人就越多，所谓的人脉就会不请自来。换句话说，你想要别人对你刮目相看，就要让自己变得富有价值。你们之间可以达到资源互换，这样算是你来我往，大家都能各有所得，关系才能长久。

人在被需要时，才有价值

在这个世界上，我们每个人都扮演着很多不同的角色：我们是父母、是爱人、是儿女、是友人……所有人都应该极尽所能扮演好这些角色，对社会做不求回馈的奉献。或许你的能力有限，但依然可以用物质的、精神的种种能力，去奉献一个人、两个人，当你被越来越多的人所需要时，你的吸引力也就越来越大，你会感觉生命非常充实，因为你体现了价值，同时你也会感悟到生命的意义。

看看下面这个故事，你将知道自己应该怎样去经营生命。

在阿迪河畔住着一个磨坊主，他是英格兰最快乐的人。他从早到晚总是忙忙碌碌，生活虽然艰难，但他仍然每天像云雀一样欢快地歌唱。他乐于助人，他的乐观豁达带动了整个农场，以至于人们能从很远的地方听到从农场里传出的欢声笑语。这一带的人遇到烦恼总喜欢用他的方式来调节自己的生活。

这个消息传到国王耳朵里，国王想，一个贫贱的平民怎么有那么多欢乐？国王决定拜访这个磨坊主。国王走进磨坊后就听到磨坊主在唱："我不羡慕任何人，只要有一把火我就会给人一点热；我热爱劳动，我有健康的身体和幸福的家庭；我不需要任何人的施舍，我要多快乐就有多快乐。"国王说："我羡慕你，如果我能像你一样无忧无虑，我愿意和你换个位置。”磨坊主说：“我肯定不换。你只知道需要别人，而从不考虑别人需要你什么。我自食其力，因为我的妻子需要我照顾，我的孩子需要我关心，我的磨坊需要我经营，我的邻居需要我帮助。我爱他们，他们也很爱我，这使我很快乐。”国王说：“你还需要什么？”磨坊主说：“我希望别人更多地需要我。”国王说：“不要再说了，如果有更多的人像你一样，世界有多么美好啊！”

故事到这里还没有结束。二百年以后，国王与磨坊主又一次相遇了，只不过这时的他们都已转世轮回，磨坊主因为希望被更多的人所需要，转世做了露珠，滋润万物，而国王只知道需要别人，这一世他做了个乞丐。

那一天，乞丐很早便出门了，当他把米袋从右手换到左手，正要吹一下手上的灰尘时，一颗大而晶莹的露珠落到了他的掌心上。

乞丐看了一会，将手掌递到唇边，对露珠说：

“你知道我将做要什么吗？”

“你将会把我吞下去。”

“看来你比我更可怜，生命操纵在别人手中。”

“你说错了，我的思想里没有‘可怜’这两个字。我曾经滋润过一朵很大的丁香花蕾，并让她美丽地绽放，为这世间增添了一抹艳丽。现在我又将滋润另一个生命，这是我最大的快乐和幸福，我此生无悔。”

生命的意义是什么？这个故事给了我们答案：不是金钱、不是情欲、不是一切身外之物，而是被需要。这是生命的幸福快乐之源。它使我们在实现社会价值和个人价值的同时，超脱了私欲纠缠，进入高贵状态。

需要是一种索取，被需要则意味着忘我的付出，但我们生命本身不会因为“付出”而削弱，反而我们给予的越多，得到也会越多。许多人被我们铭记于心，流芳百世，就是因为他们奉行了“最大的需要是被需要”这一生命原则。我们刻意去追求价值，却不知生命的价值只有在满足别人或社会的某种需求时，才会被无限放大。

价值，决定你的受关注度

一个企业想要吸引顾客、客户，或是合作伙伴，唯一的途径就是给对方创造价值。没有价值，就不足以产生强大的磁力。

价值，是吸引别人的一种资本。你是否具有价值，能够创造多少价值，别人心里有数，如果你一无是处，别人不会主动靠近你。换而言之，你无法提供给别人需求上的满足，无论是精神上还是物质上，或者其他，别人凭什么被你所吸引？这个世界缺少的东西很多，但肯定是不缺人的。

所以说，一个人要想活得更加多姿多彩，若想得到别人的重视，若想在工作中有所建树，首先就要提升自己的“被利用价值”。说得市侩一些，人与人之间，没有永远的朋友，只有永远的利益，人际关系的最高境界，就是达到“双赢”的局面。

打个比方。如果你是一颗夜明珠，遗落在黑暗之中，路人经过必然会弯腰拾起，并将你好好珍藏起来；相反，倘若你只是一块平凡无奇的石头，相信就不会得到路人的眷顾了，甚至还会因为碍事，被人踢上两脚。道理很简单，夜明珠之所以被拾起，是因为路人看到了它的光芒，它具有一定的价值，对路人有益；石头之所以被置之不理，是因为它毫不起眼，它的用处太小，捡在手里反而是一种负累。所以我们强调，要想使自己得到别人的重视，首先就要让自己拥有被别人利用的资本。

秦朝时期，有一个名叫程邈的县城狱吏，主要负责撰写文书一类的差事。程邈其人性情耿直，得罪了秦始皇，被打入了云阳县的大狱。他在狱中百般无聊、度日如年，于是喜欢舞文弄墨的他突发奇想：如此浪费时光着实可惜。当下通行的小篆，字画繁杂难写，何不把它改造一下？干出一番事业，以求赦免罪过。

此后，程邈开始在狱中埋头整理文字，经过 10 年的精心钻研，他将小篆化圆为方，把象形"笔画化"，变繁为简，化难为易，这便是隶书，总共有 3000 字。秦始皇看了程邈整理的文字，非常高兴，不仅赦免了程邈所犯的罪行，还让他出来做官，提升为御史。后来，因为秦代公书繁杂，篆字难写，就采用了隶字。又因为低层的官吏多用这种字体书写公文，所以称为隶书。

10 年身陷囹圄，对一般人而言，无疑是一种莫大的灾难与不幸！但程邈却因祸得福，这是为何？答案其实很简单——程邈为自己创造了被秦始皇利用的价值。他所发明的隶书，对秦始皇有所用，能够帮助帮助秦始皇减轻"工作负担"，所以他才得以释放，又受到了重用。

职场上同样如此。老板雇佣员工，其根本目的是要你为他创造价值。所以说，你受到何种待遇，完全取决于你能为他创造多少价值。

你所创造的价值越大，那么你在他心目中的地位就会高；反之，若是你不思进取，躺在些许功绩上面“睡懒觉”，你的地位就一定会逐渐被他人所替代。因而，那些有心计的人从不会“犯懒”，他们总是挖空心思创造自己“被别人利用”的价值，这类人大多是职场上的“常青树”。

《工商时报》经营知识版上有一篇“价格由老板决定，价值请自己创造”的文章，说的是：

一家公司应征业务人员，其中有一个人资历显赫，对于公司来说，有点小庙容不了大和尚的状况，因此公司与他面谈时，没有抱太大的希望。

面谈的时候，公司老总很诚实地跟他说，依据公司规定，并不能给予太高的薪水。原本想就此打住，不要浪费彼此的时间；没想到他竟然接受不到他原来工作薪水一半的条件，让公司喜出望外。

开始上班之后，他也没有任何出身大企业一些不好的习惯，准时上班，报表填写清楚，勤跑客户。过了不久，他的业绩远远超乎原本的预期，于是在最短的时间内，首度破格晋升，而且大幅度地加薪。自此，他也更加的卖力，为公司创造更多的业绩。

原来他在前一个公司已做到一级主管，工作相当顺手，薪水十分满意，原以为可以就此衣食无忧地过一生，没想到公司的一次海外投资失败，老板避走国外，让大家连带受累，哭诉无门。

其间，他也曾经因为薪水无法与自己所要求的相符而怨天尤人，总认为自己是怀才不遇，别的老板都不识货，但在经历一段时间的挫折与沉淀之后，他选择重新出发，重新体认到价值与价格的差异点。

他认为，价格是别人给的，随时可以拿走；价值却是自己创造的，任谁也无法带走。

一个人能不能得到别人的重视，在于他能不能给别人创造价值。生活是现实的，竞争地残酷的，没有人会同情一无是处的流泪人。你认为这是人心不古也好，认为这是人情冷漠也罢，受到“抛弃”的男人，要怪就怪自己“黔驴技穷”，谁让你“没用”呢？试想，有谁愿意浪费时间与精力，去咀嚼没有糖分的甘蔗渣呢？

其实，我们读书、考研、读博、留学，无一不是在增加自己的“被利用价值”，你能创造多少“被利用价值”，将决定你的吸引力有多大。生活如此，交友如此，职场如此，仕途亦是如此。

别人远离你是因为看不到希望

你可能觉得别人都对不起你，因为他们轻视你、远离你，没人帮助你，你甚至觉得人情薄凉，倍感心寒和失望。但是，你有没有想过，别人为什么会这样呢？你又知不知道，别人对你也很失望呢？你可能觉得是因为自己目前的状况很糟糕，所以人们嫌贫爱富，但你为什么“贫”呢？其实，让别人避开你的原因，不是因为你没有钱，而是在你身上看不到希望。

雯雯家小区附近有个卖菜的小伙子，不高不帅但很干净，也挺壮实，脸上总是带着和善的微笑。那天，雯雯和朋友路过这里，朋友突然无厘头地来了一句："你说，这样的男孩能找到女朋友吗？"雯雯微微一愣，望着小伙子看过来的目光，尴尬地说："会吧。"朋友笑了，说："你过于天真了，在这个高富帅横行的时代，有谁家的姑娘会看上一个卖菜的穷小子呢？"雯雯笑了一下，没再说什么。

后来没过多久，雯雯回家乡过年。等再回到北京的时候，寒冷的冬天还未过去。小伙子比其他卖菜的来得都早，这个时候可以较平时多挣一点。他依旧是那身打扮，厚厚的大衣，厚厚的围巾，两只厚厚的旧手套。只不过，他的身边多了一个姑娘。姑娘和小伙子年纪相仿，不高不矮，不胖不瘦，清秀的脸蛋不施脂粉，朴素，俊俏。她的小脸冻得通红，却不忘将自己的手贴在小伙子脸上为他取暖。

雯雯突然想到那天朋友说的话，莫名地就被触动了。从不做饭的她破天荒地来到菜摊前。姑娘笑眯眯地看向雯雯，问她："美女，想买点什么菜呀。"雯雯还以一笑，看了看，将一捆新鲜的芹菜捡在手中。姑娘麻利地给雯雯称量、找钱，末了还不忘说一句："欢迎常来。"

雯雯提着芹菜还没走远，身后就传来姑娘清脆的欢笑声："是不是我今天卖得比你多，你就奖励我一个汉堡啊……"

就像在爱情中一样，你真正孤单的原因并不是你家穷人丑，也不是女孩有多么物质，而是你家穷人丑还不求上进。别人对你的失望并不是因为你没钱，而是在你身上看不到希望。择其优者而从之，人都有这种趋向，谁愿意整天和一摊扶不上墙的烂泥在一起呢？

如果蜷缩在生活的角落里，那么世界必然一片漆黑；如果能够改变心态，那么世界也会随之改变。只是人们在遭遇人生低谷之时，总是习惯性地向现实妥协，嘴里碎碎叨叨地埋怨着命运，微博上的更新不外乎“命运是多么残酷”“人情是何等淡薄”“穷途末路却无人扶助”等——那些欲博同情却只能换来鄙夷的痛苦呻吟，而我们却一直没有意识到，并不是这个世界放弃了谁，事实上只有我们自己才有放弃自己的权利。你的心态萎了，你的人生也就萎了。

做自己的价值推销师

毋庸置疑，没有人不想得到别人的关注，没有人愿意默默无闻地过一辈子。在这个充斥着竞争硝烟的社会上，为了吸引别人的注意，获得成功的资本，聪明人多会看准时机，巧妙地推销自己，抬高自己的身价。

某人刚从学校毕业，急于找一份工作。

他备好履历表、学校成绩单以及教授的推荐函，主动到一家杂志社人事部应聘。

“请问，贵社需要一名优秀编辑吗？”大学生问人事经理。

“对不起，不需要。”

“那么一名好的采访记者呢？”

“也不需要。”

“一名认真的校对呢？”

“不需要。我实话告诉你吧，社里目前不景气，各部门都已额满，没有任何空缺。”

“经理，那么你们一定需要这个东西。”说完，大学生从背包中拿出一个设计精美的招牌，上面写着——“全部额满，暂不雇用。”

结果，这个极富创意的大学生被公司高薪礼聘，担任杂志社的宣传工作。

法国著名职业选择研究家巴乐肯，在《形体、性格与职业选择》一书中说道：“不论是一位医生、律师、舞蹈教师，还是银行职员，你的一生成败大部分依赖于你是否具备推销自己潜能的能力。有些人天生懂得怎样有效地推销自己，并给人们一种良好的印象，这完全是因为他们使用了一点额外的智力，我们姑且称之为推销潜能意识。”像上文中的大学生，他就是一个推销自己的“天才”，他的这种思维转换，简直令人叫绝，所以他成功了。

还有这样一个故事：

每当夏季销售旺季，某某市场都需要增添人手，并且待遇从优。一个男孩子要求来干，经理看他瘦小的样子，只答应让他试干一天。一天未到，经理便拍板留用了他。因为他干完本职工作以后，还做了些分外的工作，而这些工作恰恰表现出了他的潜能。他对一位来买东西的阔太太说：“太太，我想应当替您把牛油和肥皂分别包装才好。”那位太太听了这话十分高兴。随后，他又拖着大批货物送到那位太太的汽车上，问道：“把这些东西放到哪里合适？”他扶那位太太上了汽车之后，又说了一句：“谢谢您。”经理看到了这个场面，从而认定这位小伙子是把好手。

在传统的观念里，人们只知道知识的培养，却不懂得自我表现。在当今这个社会，人缘不会主动跑到你面前，如果你不懂得自我推销，那你将错过许多唾手可得的人缘，这是多么可惜的事情啊！自我推销并不是必须具备充足的能力，只要认为自己有这方面的潜力，就完全可以把自己推销出去。因为一个人的能力不是天生的，要不断地在实践中摸索、锻炼，能力才能得以很好地提高与发挥。如果不给自己一个锻炼的机会，即使有能力，也不会有施展的舞台，只能被埋没。

当然，自我推销也是需要技巧的，正像推销产品一样。

法国歌唱家亚尔乔在电影《精歌悲泪》中唱的一首歌使他走红，而嗓子绝不比亚尔乔差的一位年轻歌唱家，在一家咖啡馆里也演唱这首歌，他的身子斜倚钢琴，两手把在胸前，用极优美的声音低唱那首歌，十分优美动人，但是经理每周只给他 75 美元，而亚尔乔每周却赚 3500 美元。不解之余，人们终于发现了他俩唱歌的不同：亚尔乔走到台边，一只腿跪下，两手张开，眼睛睁大，嘴也张着，向你悲歌，向你哀求，深深地打动听众的心弦。

人人都有潜能，但并非人人都能表现出潜能。下面就给你介绍一些推销自己的原则：

首先，应该在适当的场合下，恰当地表现自己的潜能。比如你有绘画的潜能，而你所从事的却是销售工作，那么你就可以在搞销售的同时充分表现出这种潜能，绘制漂亮的标签和宣传广告，这样你就比其他销售人员多了一种优势。

其次，应该善于迁移自己的潜能。把自己的潜能与其他活动结合起来，创造出一种新的能力，这种能力就是别人所不具备的了。那么你较之于其他人，就会更有吸引力。

最后，推销自己潜能的目的在于让对方接受自己，所以推销潜能还要顾及对方，不可一味卖弄，弄巧成拙。

有位女士打算招一名“管家”来看管她的豪华住宅。这件好差事，引得许多女孩子参与应招。但很多优秀的女孩子都没有被女主人“相中”，却是一名看似再普通不过的姑娘意外胜出，这是为什么呢？因为，无论是那些漂亮的女孩子也好，有能力的女孩子也罢，她们都不善于在女主人面前推销自己，只有那位“再普通不过”的女孩子，利用赞叹，巧妙地表达了对这间豪宅的向往之意，这能不打动女主人那“挑剔的心”吗？自然，她也就获得了女主人的认可，如愿以偿地当上了“管家婆”。

一个人即使有天大的本事，如果不为人知，不被人发现，就像地下尚未开采的煤，深深地埋在地下，永远也不会有出头之日，要想得到其他人的承认，不仅要主动推销自己，还要善于推销自己。

吸引力，以付出为纽带

想与朋友和睦相处，成为人见人爱的红花，很关键的一个因素就是：付出。常言道“将欲取之，必先予之”，想与人结交，被人爱戴，就要学会关爱别人，只有爱别人并爱自己的人，才是最受欢迎的人。

杜淳心宽体胖，整天乐呵呵，朋友们都亲热地称呼他为“胖哥”。胖哥是某单位的司机，没权没势，可大家就是喜欢他、尊重他，有人开玩笑地问胖哥身上是不是装了磁石，不然为什么这么吸引大家呢！胖哥哈哈一笑，“就是有人缘！大家对我好，你羡慕了！”其实胖哥之所以人缘好，都是他靠自己的友善换来的。他的好朋友没考上大学，闹着要投河，胖哥一下子请了十天假陪着他，劝说他，等朋友精神好转后，又开车带着朋友散心，终于使朋友转变了想法。同事小姜的父亲骨折住院，胖哥把小姜的家务事整个包了下来，还专门为小姜父亲炖了鸡汤送到医院，每隔两天还要代替小姜护理老人。领导大赵做买卖赔了一笔，大赵心烦意乱，大赵妻子寻死觅活，胖哥又充当了调解人，终于劝得这对夫妻和好如初……胖哥对每个人都那么关爱友善，而大家回报给他的则是爱戴支持。

与人交往，如果你能处处表现出关爱别人的精神，乐于助人，那么就能使自己犹如磁石一般，吸引众多的朋友；而一个只肯为自己打算的人，到处会受人鄙弃。吸引他人最好的方法，就是要使自己对他的事情很关心、很感兴趣，但你不能做作，你必须真诚地关心别人，对别人感兴趣。

好多人之所以不能吸引他人，是因为他们的心灵与外界是隔绝的，他们专注于自己。与外界隔绝，久而久之，便足以使自己陷于孤独的境地。

有一个人，几乎人人都不欢迎他，但他不知道是什么原因。即使他参加一个公众集会，人人见了他都退避三舍。所以，当别人互相寒暄谈笑、其乐融融之时，他一个人独处在屋中的一个角落。即使偶然被人家注意，片刻之后，他也依旧孤独地坐在一边。

这个人之所以不受欢迎，在他自己看来乃是一个谜，他具有很大的才能，又是个勤勉努力的人。他在每天工作完毕后，也喜欢混在同伴中寻快乐。但他往往只顾到自己的乐趣，而常常给人以难堪，所以很多人一看到他，就避而远之。

但他绝未想到，他不受欢迎最关键的原因乃在于他的自私心理，自私乃是他不能赢得人心的主要障碍。他只想到自己而不顾及他人，他一刻也不能把自己的事情搁下，来谈谈他人的事情。每当与别人谈话，他总是要把谈话的中心，集中在自身或自己的业务上。

一个人如果不顾别人，只为自己打算，那么就没有吸引他人的磁力，就会使别人对他感到厌恶，就没有一个人喜欢与他结交往来。

吸引力并不取决于财富

我们很看重成功，因为成功者本身就是一种吸引力，但我们要把吸引力和财富的关系摆正：有财富可以被视为一种吸引力，但真正的吸引力绝不是相对于财富而言。吸引力的基点是：你要足够优秀。

没有优秀做条件，成功也只是虚有其表，有些人虽然一时赚得盆丰钵满，但取财不走正路，富贵却不仁慈，这样的人谁会认可他的成功？这样的“成功”也必然不能长久。财富，对于一个人的生活确实有所帮助，在一定程度上，它确实有助于成功的发展，但如果人的素质不好，它又很容易被毁掉。所以，衡量一个人是否成功的基本条件应该是：是否是一个善良的人、丰富的人、高尚的人。一个人，只有具备了善良和高贵的品质，有同情心，有做人的尊严感，才能够真正被大家所认可。

我们来看看富勒的故事，不是约翰·富勒，是米勒德·福勒。

同许多美国人一样，米勒德·福勒一直在为一个梦想奋斗，那就是从零开始，然后积累大量的财富和资产。到30岁时，米勒德·福勒已经挣到了上百万美元，他雄心勃勃，想成为千万富翁，而且他也有这个本事。

但问题也来了：他工作得很辛苦，常感到胸痛，而且他也疏远了朋友，疏远了妻子和两个孩子。他的财富在不断增加，他的友情、婚姻和家庭却岌岌可危。

一天在办公室，米勒德·福勒心脏病突发，而他的妻子在这之前刚刚宣布打算离开他。他开始意识到自己对财富的追求已经耗费了所有他真正珍惜的东西。他打电话给妻子，要求见一面。当他们见面时，两个人都流下了眼泪。他们决定消除破坏生活的东西：他的生意和财富。他们卖掉了所有的东西，包括公司、房子、游艇，然后把所得捐给了教堂、学校和慈善机构。他的员工都认为他是疯了，但米勒德·福勒却感觉现在比以往任何一个时候都更加清醒。

接下来，米勒德·福勒和妻子开始投身于一项伟大的事业：为无家可归的人们修建“人类家园”。他们的想法非常单纯：“每个在晚上困乏的人，至少应该有一个简单体面，并且能支付得起的地方用来休息。”美国前总统卡特夫妇也热情地支持他们，穿工装裤来为“人类家园”助力。

米勒德·福勒曾经的目标是拥有1000万美元的财富，而现在，他的目标是1000万人，甚至要为更多的人建设家园。到目前为止，

“人类家园”已在全世界建造了六万多套房子，为超过三十万人提供了住房。

一个曾经为财富所困、几乎成为财富奴隶、差点被财富夺走妻子和健康的人，现在，他成了财富的主人。从他放弃物欲转而选择为人类幸福工作的那一刻起，他就进入了世界上最优秀的人的行列。

在当下这个社会中，拥有更多的财富，一直是大多数人的奋斗目标，而财富的多寡，也顺理成章地成了衡量一个人才干和价值的尺度。记得有段时间媒体上出现这样一则标语：“谁富裕谁光荣，谁贫穷谁无能”。标语很醒目，真切地反映了人们渴望富裕，追求富裕的迫切心情。然而它的表述却令人觉得别扭，甚至有些不入耳。难道说，富裕了就可以瞧不起那些贫困的人，那些贫困的人就应该自卑吗？

其实富者无非在某些时候或某些方面抓住了机遇，成为富人，然而为富不仁、弃贫爱富就是贫困的另一种表现，而这种表现让整个社会都厌恶。以贫富论英雄，是一种狭义的贫富观。中国著名的数学家陈景润算是穷到家了，但是谁又能鄙视陈景润呢？还有历代以来的那些清官、廉官，谁又能说他们无能值得鄙视呢？

因此说，不管是富人还是穷人，都应该摆正自己的位置，每个人都有自己的舞台，只要自己正视这点，我们都将是富有的人。这才是我们对财富所应该持有的态度。记住，你的吸引力不取决于财富。

让你的价值不可替代

价值不是别人送给你的，而是由需求和自己的能力所决定。如果一个人缺乏价值的支撑，毫无“重要性”可言，那么，他随时都面临被抛弃的可能。

所以，你要努力让自己变得更有价值，同时也让自己变得更重要，成为别人需要的人，成为别人离不开的人。如此一来，你的吸引力增长也自然是理所当然。

一位成功学家曾聘用一名年轻女孩当助手，替他拆阅、分类信件，薪水与相关工作的人相同。有一天，这位成功学家口述了一句格言，要求她用打字机记录下来：“请记住：你唯一的限制就是你自己脑海中所设立的那个限制。”

她将打好的文档交给老板，并且有所感悟地说：“你的格言令我深受启发，对我的人生大有价值。”

这件事并未引起成功学家的注意，但是，却在女孩心中打上了深深的烙印。从那天起她开始在晚饭后回到办公室继续工作，不计报酬地干一些并非自己分内的工作——譬如替老板给读者回信。

她认真研究成功学家的语言风格，以至于这些回信和自己老板一样好，有时甚至更好。她一直坚持这样做，并不在意老板是否注意到自己的努力。终于有一天，成功学家的秘书因故辞职，在挑选合适人选时，老板自然而然地想到了这个女孩。

在没有得到这个职位之前已经身在其位了，这正是女孩获得提升最重要的原因。当下班的铃声响起之后，她依然坚守在自己的岗位上，在没有任何报酬承诺的情况下，依然刻苦训练，最终使自己有资格接受更高的职位。

故事并没有结束。这位年轻女孩能力如此优秀，引起了更多人的关注，其他公司纷纷提供更好的职位邀请她加盟。为了挽留她，成功学家多次提高她的薪水，与最初当一名普通速记员时相比已经高出了5倍，对此，做老板的也无可奈何，因为她不断提升自我价值，使自己变得不可替代了。

这个事情告诉我们，只有打造自己的不可替代性，才能在别人那里创造最大的价值，继而成为公司的顶梁柱、行业领域里的精英、专家，朋友圈里的中心人物。只有这样，你才能得到你想要的物质财富、精神财富以及人脉积累，同时为你的人生发展，奠定坚实而强大的基础。

吸引力的一个重点就是不可替代性，你在别人眼中的价值，往往就取决于你的不可替代性。那么现在你可以想一想：假如我明天离开了公司，老板会真心诚意地挽留我吗？假如我离开一段时间，朋友、同事会觉得不适应，会十分想念我吗？如果是，那么你的价值就高；如果不是，那么你的价值就比较低。

在这个以人脉为资本的时代，可替代就意味着可能失去很多珍贵的机会，不可替代就是人脉的保证，不可替代的人就是能够获得更多资源的一部分，为此，我们必须要打造自己的不可替代性。

记住这一点：如果你在你的行业领域里可有可无，在你的朋友圈里无足轻重，如果你对别人来说无关紧要，那么你就是失败的，而“失败”二字，必将伴随你的一生。

愿意给予，就能收获人脉

当“给予”一词出现时，获得也就应运而生了。给予与获得是一对双胞胎兄弟，世间的一切有了给予，相应就存在获得，当给予彻底消失时，获得也就不复存在了。

人人都想获得，却往往忽视了这样一个真理——有付出才会有回报！若是将获得比作浩瀚宇宙中一颗璀璨绚丽的明星，那么，给予便是通天之梯，只有爬上这座梯桥，才能伸手摘下星星。正所谓“一分耕耘，一分收获”，当你真正懂得了给予，获得才会伸展开它看似吝啬的翅膀，向我们飞来。

战国时，齐国的孟尝君是一个以养士出名的相国。由于他待士十分诚恳，感动了一个叫冯谖的落魄人，此人为报答孟尝君的礼遇而投到他的门下为他效力。

一次，孟尝君叫人到其封地薛邑讨债，问谁肯去，冯谖自告奋勇说自己愿去，但不知用催讨回来的钱买什么东西。孟尝君说，就买点我们家没有的东西吧。冯谖领命而去，到了薛邑后，他见到老百姓的生活十分穷困，老百姓听说孟尝君的使者来了，均有怨言，于是，他召集了邑中居民，对大家说：“孟尝君知道大家生活困难，这次特意派我来告诉大家，以前的欠债一笔勾销，利息也不用偿还了，孟尝君叫我把债券也带来了，今天当着大家的面，我把它烧毁，从今以后再不催还。”说着，冯谖果真点起一把火，把债券都烧了。薛邑的百姓没料到孟尝君如此仁义，人人感激涕零。

冯谖回来后，孟尝君问他买了何物，冯谖如实回答，孟尝君大为不悦。冯谖对他说：“您不是叫我买家中没有的东西吗？我已经给您买回来了，这就是‘义’。焚券市义，这对您收归民心是大有好处的啊！”

数年后，孟尝君被人谮谗，齐相不保，只好回到自己的封地薛邑。薛邑的百姓听说恩公孟尝君回来了，倾城而去，夹道欢迎。孟尝君感动不已，终于体会到了冯谖“市义”的苦心。

孟尝君并没有想到当年的“付出”能得到日后的“回报”，但等他落难时却发挥出了意想不到的效果。可见，吃亏也可以是好事儿。

帮助他人正是生命的本质。为他人尽力，也即为自己尽力；一个人在帮助别人时，无形之中就已经提升了吸引力，别人会将你牢记在心，也会对你的帮助永记在心，只要一有机会，他们就会主动帮助你。

你要能够给别人带来好处

尽管很多人不愿意承认，但很多时候，人与人之间都是互相利用的关系，这并没有什么可耻的，人性中总有自私的一面，在为自己着想的同时，不损害他人的利益，甚至给他人带来好处，这未尝不是一件好事。

在一个伸手不见五指的夜晚，一个僧人行走在漆黑的道路上，因为夜太黑，僧人被路人撞了好几次。

为了赶路，他继续走着，突然看见有个人提着灯笼向他这边走过来，这时候旁边有人说："这个瞎子真是奇怪，明明什么都看不见，每天晚上还打着灯笼。"

路人的话让僧人好是纳闷，盲人挑灯岂不多此一举？等那个提着灯笼的人走过来的时候，他便上前询问道："请问施主，老僧听说你什么都看不见，这是真的吗？"

那个人回答说："是的，我从一生下来就看不到任何东西，对我来说白天和黑夜是一样的，我甚至不知道灯光是什么样子！"

僧人十分迷惑地问："既然你什么都看不到，你为什么还要提着灯笼呢？难道是为了迷惑别人，不让别人知道你是盲人吗？"

盲人不慌不忙地说："不是这样的，我听别人说，每到晚上，人们都变成跟我一样了，什么都看不见；因为夜晚没有灯光，所以我就在晚上打着灯笼出来。"

僧人无限地感叹道："你真是会为人着想呀，你的心地真是善良！原来你完全是为了别人！"

盲人急着回答："不是，其实我是为了我自己！"

僧人一怔，非常惊讶，便不解地问道："为自己？怎么这么说呢？"

盲人答道："你刚才过来的时候，有没有人碰撞过你呀？"

僧人回答："有呀，就在刚才，我被好几个人不小心撞到了。"

盲人莞尔一笑，说："我是盲人，什么也看不见，但是我从来没有被别人碰撞过。知道为什么吗？因为我提着灯笼，灯笼照亮了我自己，这样他们就不会因为看不到我而撞到我了。"

盲人的想法很简单：点着灯笼照亮自己，免得被撞倒，甚至撞伤，这种想法听起来有点自私，但从另一个角度来看，他的"自私"不仅保护了自己，而且还帮助了别人，借着灯笼的光亮，路人走路时也方便了很多，这种互相"利用"得到的结果是互惠的。

安东尼·罗宾谈起华人首富李嘉诚时说："他有很多的哲学思想我非常喜欢。有一次，有人问李泽楷，他父亲教了他一些怎样成功赚钱的秘诀。李泽楷说赚钱的方法他父亲什么也没有教，只教了他做人处世的道理。李嘉诚这样跟李泽楷说，假如他和别人合作，假如他拿七分合理，八分也可以，那李家拿六分就可以了。"

也就是说：他让别人多赚二分。所以每个人都知道，跟李嘉诚合作会赚到便宜，因此更多的人愿意和他合作。你想想看，虽然他只拿六分，但现在多了一百个人，他现在多拿多少分？假如拿八分的话，一百个会变成五个，结果是亏是赚可想而知。

李嘉诚是个精明的生意人，而做生意都是以营利为目的的，赔钱的买卖没人愿做，与别人合作时，自己总是少拿二分，不是李嘉诚没有私心，而是他的生意手段太高明了！其他生意人因为和李嘉诚合作，每笔生意多赚了二分，但李嘉诚却因为少拿这二分而多赚了几百分，这种互相“利用”给双方都带来了好处，如果世界上能多一些这样的“利用”关系，那每个人都应该举双手赞成。

人类最大的财富正是资源的分享，在现实社会中，只要不是损人利己，在物竞天择的自然规律下，互相“利用”也可以是一种合理的行为，那是人际间互动形态的多元与多样的表现。世间的事情往往就是这样，利用别人可能是一个负面词汇，但如果你能把互相利用变成互利互惠，那么这个词汇也就有了正面的意义。

互惠互利，就是使合作者之间都能够得到优惠和利益，使合作的结果皆大欢喜，这是双赢思维的典型体现。但是，要做到互惠互利不仅仅是一方的事情，它要求合作的任何一方都要有双赢的品格、过人的见地以及积极主动的精神。

给予不当，大毁形象

给人好处还是有一些学问的，别以为“给”这个动作很容易，给得不恰当，不但对方不会感激你，有时还会怨你哩！你白白损失“好处”，又招人怨，天底下再也没有什么事比这更冤的了。

所以，要给人好处，就要给得“恰到好处”，也就是说：不轻给、不滥给、不吝给！

所谓“不轻给”就是不轻易给对方，总是要让对方为这“好处”吃一些苦头，花一些心力，让他在“付出”之后才“得到”，这样子他才会珍惜这“得来不易”的好处。

如果你因为身上有太多“好处”而随便给人，或想以“好处”来讨别人欢喜，那么不但他不会珍惜这些“好处”，对你也不会有任何感激之心，反而还会嫌少、嫌不够好，甚至一再向你要好处，你如不给或给得不如前次好、不如前次多，对方便要怪你、恨你，比你不给他好处还怨得深、恨得厉害。

不过，“不轻给”也要拿准分寸，如果你是故意不给，或摆明有意要在“折磨”他之后才给，那么你有可能招怨；你要向对方表明你的“好处”其实不如他所想的那么好那么多，要给他也有身不由己的困难，或是还要同他人“研究研究”等。

决定给他好处了，你也要让他知道，你是如何费尽九牛二虎之力才促成这件事，对方受了你的好处，心里多少也会有压力，对你的感谢，自然不在话下，而且也不会动不动就来向你开口，这样你给人好处才给得有价值有意义！

“不滥给”就是“不乱给”，该给谁、给多少都要有准则，否则会出现和“轻给”一模一样的后遗症，而且还会造成是非不明的结果。

“不吝给”是指应该给、必须给、不得不给时，就要毫不吝惜地给、慷慨大方地给；不怕给得多，只怕给得少。这种情形包括人家有恩于你时、奖赏有功的属下时、要重用某人时、要收买人心时，以及情势所迫时。

如果你给得少，给得不干脆，那么这“好处”的效果会减很多，甚至还会引起反效果，得不到别人的感谢也就罢了，有时还会招怨！所以说，“好处”一定要给得“恰到好处”。

学会技巧性地助人为乐

俗话说“在家靠父母，出门靠朋友”，多一个朋友多一条路，人情就是财富。人际交往最基本的目的就是结情谊，做人做得风光者，大多与善于结交人情，乐善好施有关。施恩是人情关系学中最基本的策略和手段，是开发利用人际关系资源最为稳妥的灵验功夫。

对于一个身陷困境的穷人，一枚铜板的帮助可能会使他解决极度饥饿和困苦的事，或许还能使他干出一番事业，闯出自己富有的天下；对于一个执迷不悟的浪子，一次促膝交心的帮助可能会使他建立做人的尊严和自信，或许在悬崖勒马之后奔驰于希望的原野，成为一名真正的勇士。

不过，帮助别人同样离不开技巧。在具体的情形下，当你想帮助某个人时，你要注意具体方法，如何帮助他，才能使他真正得到你的帮助。一位残疾人坐在三轮车上上坡，但因坡度较大，他费了很大的劲也没上去。好心的你走上前，想帮助他，告诉他该怎样用力。你不知道，他此时最需要的，是你从后面推他一把，帮他顺利通过这段道路。

帮助别人，不要居功自傲。应注意：不要使对方觉得接受你的帮助是一种负担；帮助要做得自然得体，也就是说在当时对方或许无法强烈地感受到，但是日子越久越体会到你对他的关心，能够做到这一点是最理想的；帮忙时要高高兴兴，不可以心不甘、情不愿的。如果你在帮忙的时候，觉得很勉强，意识里存在着“这是为对方而做”的观念，假如对方对你的帮助毫无反应，你一定大为生气，认为，我这样辛苦地帮你，你还不知感激，太不识好歹了！如此态度甚至想法不要表现。

那么，怎样才能将施恩术发挥得更好呢？佛家告诉我们，一要出于至诚；二要不求回报；三是不轻毁人家。前面两条好理解，不轻毁人家是什么意思呢？

“轻”是轻视。因为自己处于“施主”的地位，心里难免有几分优越感，在语言神态上就可能表现出看轻对方之意。比如那个“不受嗟来之食”的典故中，有钱人搭一个棚子，好心给饥民施粥，这是件功德事，说话却不客气，看见来了个人，就说：“喂，来吃吧！”谁知那个人有骨气，不受嗟来之食，掉头而去。你瞧，本来是想帮助人家，反倒得罪了人家，还说什么“好心无好报”，太不通人情世故了嘛！

“毁”是诋毁的意思，也就是说人家的坏话。这个坏话不是当场说的，是背后说的。比如，给了别人一个帮助，生怕人家不晓得自己心眼好，马上去告诉人家：“那小子现在都混成这样了，穷得连给小孩交学费的钱都没有。我看他可怜，借给他 500 元。”这好像是真话，怎么说是诋毁呢？因为这是揭人隐私。人在社会上，是要讲信誉的，这是一种无形资产。你让人知道了他的窘状，他的信誉马上下降，以后办事人家不放心他。所以，你借给他 500 元，一句话就让他损失了无形资产 5000 元。你这 500 元他还要还你，他损失的 5000 元找谁去要？他不找你报仇就好了，还想指望他的回报？

假如受自己帮助的人发达了，自己却原地踏步，说的话就更难听了：“那小子，当初如何如何，要不是我帮他一把，他哪有今天？”这就不只是诋毁，而是诬蔑了。他走到今天这一步，99％肯定是靠他的才能和努力，你那点帮助哪够用？不自度者，连佛祖也认为度不了他，自己不努力还揭别人的短，不是诋毁是什么？人家不报复就好了，你还指望他的回报？

电影里经常出现这样的镜头：某男出身豪门，某个贫家女跟他结了婚，从此锦衣玉食，事业上也是风光无限。此男便以此为傲，气稍不顺，就说：“你没有我，哪有今天？”最后，妻子坚决要跟他离婚。这个男人就是犯了诋毁的毛病。不错，你是给了她一个机会，但运用这个机会的才能却是她自己的，没有才能有机会也白搭。她有这个才能，在别的地方也可能找到这种机会，怎么能说没有你就没有今天呢!

总之，人不是刺猬，难以合群，人是情感动物，需要彼此的互爱互助，且不可像自由市场做生意那样赤裸裸的，一口一个“有事吗?”“你帮了我的忙，下次我一定帮你。”从而忽视了感情的交流，会让人兴味索然，彼此的关系也维持不了多长时间。

俗话说，“一个篱笆三个桩，一个好汉三个帮”。你拉着我的手，我拉着他的手，他拉着你的手，这个世界就属于大家的了。

CHAPTER 03

让气场暴涨
——量体打造专属自己的虹吸效应

在心理学上，气场就是人们给他人感觉的来源。而从人际关系学来看，气场就是用来影响他人的能力。每个人都有一个气场，或大或小。拥有怎样的气场，决定你在别人心中的价值和位置，气场越强，你对他人的吸引力就越大。

认清“以貌取人”的真相

在日常生活中，我们常常听到这样的劝告：不要以貌取人。但是经验告诉我们，人们很难不以貌取人。从人的审美眼光出发，爱美之心人皆有之，人们对美的认识，很多时候是从第一印象中产生的，而人的外在形象恰好承载了这一任务。

美国的心理学者雷诺·毕克曼做了以下有趣的实验。

在纽约机场和中央火车站的电话亭里，在任何人都可以看到的地方，放了一角钱，等到有人进入电话亭，约 2 分钟后便敲门说：“对不起，我在这里放了一角钱，不知道你有没有看到？”结果退还硬币的比率，询问者服装整齐时占 77%，而询问者衣服较寒酸时则占 38%。

进入电话亭里的人在被服装整齐的人询问时，可能会察觉服装整齐的人可能跟自己说了很重要的话；而面对衣着寒酸的人，因为在不想接触的念头下，不想去理会对方的问题，所以根本没有听清楚他说的话，就开口回答“没有”，企图赶走对方。

一位美国社会学家也做了类似的一个实验：一名实验者被安插进“纽约城公司”总部，他穿着一双黑色的、饰有大白鞋扣、鞋跟磨坏的皮鞋，一件俗丽的青绿色上衣和一条印花棉布领带。到了总部之后，这名实验者先让前50名秘书把他的公文箱取回来，结果这50名秘书中只有12个人听从了他的吩咐。在后来的实验中，他穿上了华贵的蓝上衣、白衬衫，系着一条圆点丝质领带，脚上穿着一双高档皮鞋，发型整齐。在后面的50个秘书中，有42个人提供了他要求的服务。

英国一位心脏病医学专家认为，整洁的外观和干净利落的外表对心脏外科医师来说是极为重要的。“你可称其为虚荣，但是我认为，那却是有关自尊心的问题。”他说道，“我认为，如果我打算给我的病人诊视，告诉他们如何料理他们自己，而在与他们谈话时，他们看到我身体短粗肥胖，嘴角衔着根香烟，他们肯定会对我失去信任……没有谁想让一位作风邋遢、不修边幅的外科医生给自己做手术。”

对新入职的推销人员来说，他们可进行的最行之有效的投资之一，就是给自己买两件值钱的衣服。这两件衣服的价格要超过式样、风格平平的二流服装的价格。如果预算吃紧，宁可买下这两身衣服，也不去多买几身廉价服装，因为它们不利于建立你所希望的那种形象。

形象是一个人仪表、气质、性格、内心世界的综合反映，人们通常是通过你的外在形象去了解你这个人的。因此，我们要重视对自己形象的包装修饰，这样你才能让自己的气场更加强大，在众人当中，鹤立鸡群，显现自己。而且，这更是在向你的社交对象展示你的重视与尊敬。

相见前7秒决定你的吸引力

人际交往的第一步往往从结交陌生人开始。珍惜并注意给人们留下完美的第一印象，有助于你拥有一个好人脉。因为第一印象永远不能改变和磨灭。

人们的社交范围不会仅仅局限于熟悉的人或环境。每天，人们在参加宴会、乘车坐船、住宿旅游等场合，都不可避免地会与陌生人交往。

而在人际交往中，人们历来都很重视给对方留下良好的第一印象。这是由于给他人的第一印象对一个人形象的形成起着先入为主的作用。人脉专家认为，良好的第一印象，既是一张很好的社交名片，又是一张很有权威的介绍信。

时髦的“8 分钟约会”集征婚与游戏于一体，把爱情化解为数学上的排列组合。在最初见面的 7 秒钟里，大部分人就已经做出了是否与对方继续交往的决定，某些人甚至只需 3 秒钟，因此，我们将它称为人际交往的 7 秒钟原则。

一个人假如在与别人交往时，没有把握好这 7 秒钟，第一印象肯定不好，如要挽回，需要付出很大的努力，这一点每个人都要引起足够的重视。

1. 要有良好的第一印象，请注意自己的装扮

很多大公司对自己职员的装束都制定了统一的“标准”，所谓标准自然不是指穿着好看或指定某种衣料服饰，而是“观感”的和谐统一。

人脉专家们认为，人们在参加社会活动之前对衣饰应注意六点：鞋擦干净了没有；裤子拉链拉好没有；衬衫扣子扣好了没有；胡子刮过没有；头发梳好没有；衣服有皱褶没有。

有一家保险公司的市场调查人员发现，他们对农民进行劝说让其买保险时，穿戴整齐比穿着不整者业绩上好得多。由此可见，虽然农民由于职业的原因，无法像职业人员那样衣冠楚楚，但对穿着整齐的人，总是较有信赖感的。

所以，任何人都不要过分嘲笑“先敬罗衣后敬人”这种社会风气。我们进行应酬时，应该重视一下现实，要推己及人；否则，迟早要遭遇一些不必要的失败。

2. 放松心情，使他人感到轻松自在，前提是自己就必须表现得轻松自在

无论遇到多么严重的事情，心理上都要尽量放松。学点幽默，不要总是神色严肃，或做出一副永远苦闷的样子。因为对方并不是总愿挨批评或做你的出气筒。你应该把心情放松一下，否则他人会对你感到厌倦。

当然，笑容也十分重要。最好的笑容要求目光接触都是温和自然的，并不是勉强做出来的。

还有就是保持自我本色。那些懂得与人交往的人，永远不会因场合不同而改变自己的性格。保持真我，保持最佳状态的真我才是给人

留下美好印象的秘诀。不管是与人亲切交谈，还是发表演说，都要保持自己的本色不变。

3. 注意发挥自己的长处。当你能够充分地发挥自己的长处时，他人就会很乐意跟你在一起，并容易同你合作

一个人要了解自己，把握自己的特点，如外貌、说话速度、精力、声音的高低和语气、动作、手势、神情以及其他吸引他人注意的能力等。要知道，别人正是根据这些特点来形成对你的第一印象。由此，在人际交往中，要充满自信，并尽可能发挥自己的长处。

4. 积极求同，缩短距离。人际交往中有个重要的原则：相似性原则

双方只要在观点、志向、兴趣、爱好，甚至年龄、籍贯、服饰等方面有相同之处，通常可以缩短彼此之间交往时间的距离。

塑造价值百万的魅力形象

形象一如名片，没有它，你的自我展示就会大打折扣。事实上，所有气场强大的大企业家、行业领袖及政治家等，其言行举止都是经过专门塑造的。

一个对形象注意有加的人，往往会在人群中得到信任，更能在逆境

中获得帮助，也必定能够在人生中不断找到成功的机会。事实上，他们是在用自己的形象、魅力影响着别人，最终成就了真正精彩的人生。

在西方流传这样一句名言“你可以先将自己打扮成那个样子，直到自己成为那个样子”。使自己看起来更像个成功者，这更有助于你打开事业之门，让你在人群中脱颖而出，吸引无数的目光。例如：在选举时，若是你“像个领导”，人们因此会更愿意投你一票；晋升时，若是你“像个主管”，你更容易得到老板及同事的认可；商业往来中，若是你“像个成功商人”，对方会更愿意相信你的公司，也愿意与你洽谈贸易。

英国著名学者尼克森表示：“人们常用三个词汇描述成功者——性格、能力、形象。这是因为人们已在潜意识中为成功者做好定义，而当今的管理界刻意回避对成功者外在形象的研究，这是背离现代管理思想的”。志在成功的人，倘若只专注于能力，却忽视形象，其成功速度必受影响。

艾斯蒂·劳达有“化妆品王后”之称，她身价高达数十亿美元。此外，她耀眼的形象、无可阻挡的魅力、高贵典雅的气质、不俗的谈吐，更是令人倾慕不已。

艾斯蒂·劳达的教育程度不高，起点也很低，主要是为叔叔研制的化妆品做推销工作。为此，她必须顶风冒雨走街串巷，其中艰辛自不必说，但劳达从未抱怨过。在经过一段时间的历练以后，她积累了一定的人生经验。于是，她建议叔叔研制一些高档化妆品，并开始向上流社会进行推销。不过，这一措施并没有得到良好收益，劳达很想弄清个中缘由。

于是，在被一名贵妇拒绝以后，她鼓起勇气问道：“我很想知道，您为什么要拒绝我的产品呢？是因为我的推销技巧很差吗？”

对方开诚布公但略显尖酸地回答：“这与推销技巧无关，而是你的问题。你必须承认，你给人感觉就是档次很低，这又如何让我相信你的产品呢？”

劳达顿有一种受辱之感，但她知道，自己已经找到了问题的根源。即，产品档次的高低，取决于推销人的档次。

她狠下心要对自己进行“整容”。于是，她开始刻意模仿名流女性，效仿她们的穿着打扮以及言谈举止。不仅如此，她还意识到，塑造不能仅限于外表，而应更加注重塑造内在美。基于此，劳达有意识地培养自己的自信心，同时也非常注重知识的丰富与提高。

一段时间过后，劳达摇身一变，成了一名内涵丰富、举止优雅的迷人女性。她开始走进上流社会，向名媛贵妇们推销自己的产品，并获得了前所未有的成功。

形象并不单单是指穿衣、外表、长相、发型、化妆等，它是一个综合概念，是一个人外在魅力与内在魅力的整体体现；形象并不局限于漂亮的脸蛋儿、傲人的身材、醉人的微笑，更包括人的思想、追求抱负、价值观、人生观等。从某种意义上说，塑造形象就是与社会进行沟通，并为社会所接受的一种方式。

对于社会交往而言，你给陌生人的第一印象非常重要。对方只有在认同和接受你的时候，你才有可能顺利地进入对方的世界，很好地与对方交往，从而减少与陌生人之间的生疏感，而这一切的获得在很大程度上与你展示在陌生人面前的个人形象有很大的关系。

让你的眼神始终带有磁性

一个良好的个人形象，其目光是坦然、亲切、和蔼、有神的。特别是在与人交谈时，目光应该注视对方，不应该躲闪或者游移不定。在整个谈话过程中，目光要注意对方，专心、温和、充满热情。

人际交往中诸如疲倦、冰冷、呆滞、漠然、轻蔑、惊慌、敌视、左顾右盼的目光都是应该避免的，更不要对人上下打量，挤眉弄眼。

还有一种眼神叫“凝视”。各种凝视都有不同的作用。在洽谈、磋商、谈判等场合，凝视对方给人一种严肃、认真的感觉。注视的位置在对方双眼或双眼与额头之间的区域。各种社交场合使用的注视方式也是一种凝视，注视的位置在对方唇心到双眼之间的三角区域。亲密凝视是亲人之间、恋人之间、家庭成员之间使用的注视方式。凝视的位置在对方双眼到胸之间。

有一位男记者在对女性做采访时，常有这种体验：对注视他的女性要比不注视他的女性更有好感。而且经过在面试时候的测验，也表明如何选择候选人也与是否注视着主考人有着很大的关系。注视，或是看一个人，在心理学中被称为“视线接触”。这种视线接触越频繁，对方也越会产生好感。我们应该学会被对方注视。把自己和对方换一个位置的话就会明白。如果是讨厌的人，也不会想去看他一眼。

相反，如果是自己喜欢的人，就总会去盯着他看。所以注视着你的人，也对你抱有一定的好感。用温柔的、亲切的目光注视对方的话，对方也会产生“他为什么这样看着我呢?”“有机会的话，和他聊聊看!”之类的想法。如果遇到了你喜欢的人，先从注视他开始。

社交中一双真诚而热情的眼睛能够拉近双方的心理距离。眼睛会说人们内心深处的话，它表明了你对人家的好感。充满善意的眼睛不一定是一双美丽的大眼睛，但只要真诚，同样可以赢得人们的好感，让人难忘。

眼神是强化气场的得力助手。眼睛是一种无声的语言，能表达比言语更深切、更微妙的含义。许多动物不会说话，却会瞪眼，其目的是向对手发出威胁的信号。蝴蝶经过长期进化，翅膀上的斑纹越来越醒目，这种斑纹会使其他动物误认为是猛兽的怒目，从而不敢轻举妄动。

眼神可以显示出人的喜悦或冷漠，每一种眼神都有特定的含义：明亮的眼神表示心情愉快；平静的目光表示温和善良；灵秀的目光表示聪明智慧等。可见，在交际活动中注意眼神是非常重要的。

“眼是心灵之窗”，眼的奥秘在于它会毫无保留地反映出人的喜、怒、哀、乐，反映人的思维活动。所以说，从一个人的眼睛中通常能够反映出他的整个内心世界。为打造强大的吸引力，我们的眼神应该智慧、诚恳、明亮、平静、友好、坦然、专注、坚定。切忌挑逗、仇恨、轻佻、卑琐、轻蔑、奸诈、愤怒、凶狠、阴沉、游离、茫然的眼神。

举手投足都要气场十足

举止风度是一个人在运动状态下的亮相。它包括坐立行走、举手投足、喜怒哀乐所表现的各种行为姿态，被人们称之为心灵的轨迹。

歌德说，行为举止是一面镜子，人人在其中显示自己的形象。任何人如果在举止上缺少文雅和稳重，都将因失于深沉、流于浅薄而失去人们的喜爱。如果你想拥有宏大的气场，就一定要使自己的举止行为规范化，要优雅大方、稳健从容、表里如一、不卑不亢。

1. 坐立行走要文雅大方

无论在什么场合，你都应自觉地保持一种良好的坐姿，以显示自己应有的文明素养。工作时，要精力充沛，给人一种振奋昂扬的印象；切忌东倒西歪，萎靡不振。此外，你还要养成正确的站立姿势，举行公关活动时一般都要站着讲话，这既体现了文明礼貌的素养，而且也符合国际惯例。由于站立的时候，显露的部位比较大，因此，更要注意站立的姿势。在大会上，要大大方方地起立致意，不要弯着腰、扭着身、束手束脚，要做到从头到脚成一线。行走时步伐要从容稳健，不要摇头晃脑、东张西望、勾肩搭背。

2. 举手投足要自信亲切

在社交场合，你的一举一动，都要自然而庄重，既不摆架子、指手画脚、盛气凌人，又不唯唯诺诺、畏首畏尾、诚惶诚恐；而应当不卑不亢、优雅潇洒、落落大方、自信威严。否则，就会给他人留下一种不太好的印象。

公元前 703 年，曹太子去朝见鲁国国君，被待以上卿之礼。在欢迎宴会上，曹太子忧郁叹息，引起鲁国大夫施父的不满。曹太子的失态不仅有损于个人形象，更重要的是他在两国交往中埋下了阴影。历史上，这种在外交公关时因举止失仪而招致害国之事并非鲜见。在外交方面，个人的言行举止往往被看作是国家对某事、某国的一种态度、政策，因而绝不能因个人喜忧而轻率从事。

在人际交往中还必须对自己的事业和能力有充分的信心，而举手投足间正是体现人们这种自信的时候。

3. 喜怒哀乐要深沉有度

每个人都是社会中的一员，也必有喜怒哀乐，但是在公共场合中，个人的喜怒哀乐不仅代表自己的情绪，还将影响公众的情绪，因此，要有理智地加以控制。

人们在公共场合中必须要有自己独特的喜怒哀乐的方式。深沉的喜爱，除了友好的动作外，更体现在爱护、关切、由衷赞赏与喜悦的神情和目光上，要控制过分激烈、狂热的行为；深沉的愤怒，不在于说话声调的高低与强弱，而在于内心表现的威严和怒斥的神情，无声的谴责有时要比声嘶力竭的抗议更有力；深沉的悲痛，不是泪流满面地号啕大哭，而是用理智把握感情，化悲痛为力量；深沉的快乐，无须狂欢乱跳，而应当充满激情，将之化为持久的动力，更好地开展工作。

在社交场合，人们不仅要注意自己的举止风度，而且更应该从理想、情操、思想学识和素质上努力完善自己、培养自己，使外在举止风度美的绚丽之花开在内在精神美的沃土之上。

最大化语言的征服效果

语言的力量能够征服世界上最复杂的东西——人的心灵。拥有良好谈吐的人，不仅能够更好地跟他人进行沟通和交流，还能用恰到好处的语言打动和征服他人的心灵，达到自己说话的目的。

二战期间，美国因参战亟须增加兵力，但多数美国青年惯于安逸，担心性命有失，拒绝响应政府号召。为此，俄亥俄州地方行政长官已被参谋长联席会议主席当众痛训了 5 次。

他为自己辩解说："我已经想尽一切办法，说得口干舌燥，但那些懦弱的青年就是不肯应征！"正当他焦头烂额之际，有人向他介绍了一位出色的心理学家。

这位心理学家略作准备，便信心十足地来到募兵现场。他先是沉默了 5 分钟，然后用浑厚的男中音对台下嘈杂的青年说道：

"亲爱的孩子们，我与你们一样，非常珍惜自己的生命。"

青年们见他颇有学者之风，说话又中肯，便逐渐安静下来。

“是的，热爱生命是无罪的，因为，我们每个人只有一次生命。凭良心说，我同样反对战争、害怕死亡，如果要我去前线，我也会与大家一样，希望能够逃避这项命令。但是，我也存在另外一种侥幸心理——假如我服兵役，可能只有一半的概率会上前线作战，因为也有可能会留在后方；即使上了前线，我作战的可能性同样也只有一半，因为或许我会成为某长官的左右手而留在安全地区；万一我不幸必须扛起枪，受伤的可能性仍然只有一半；即使不幸挂彩，如只有轻伤也不致受到死神的召唤，因此，我实在没有担忧的理由；如果是重伤，或许在医生的帮助下我依然能够保住性命；就算真的运气不好，我不幸为国捐躯，亲人和朋友也将替我感到骄傲，我的父母不但会受颁一枚最高勋章，还可得到一笔数量可观的抚恤金和保险金，邻居小孩子们会以我为英雄，把我当成偶像来崇拜。而我，一位伟大的战士也进入天堂，来到慈祥的天父身边，说不定还会见到万人敬仰的华盛顿将军。”

心理学家话音一落，原本安静的募兵现场又嘈杂起来，青年们纷纷表示愿意赌上一把，他们或许是想名垂千古，或许是家境不好，想着万一出事还可以给家人留下一笔巨额抚恤金……

仅凭这一席话，心理学家便攻下了青年们心中的壁垒。他就如同一位催眠高手，先是卸下青年们的防御心理，然后利用他们潜意识中的心理需求，将其逐步引入了自己设下的圈套。

在现实生活中，人们要交流信息，沟通思想，就必须拥有语言交流能力，不善言谈的人是很难让人了解其价值的。语言的力量能征服人心。通过口才的交流与沟通，陌生人可熟识起来，人与人之间的隔阂可以消失，甚至单位之间、社会集团之间、国家之间的矛盾有时也可以通过它得到解决。

在交谈中，拥有良好谈吐的人，能够将意思更有效地表达出来，从而更容易说服他人并获得他人的支持。

苹果公司（APPLE）是一家赫赫有名的个人电脑公司。1977年，当时的世界第二大计算机公司——数字设备公司的创建人和首席执行官奥尔森曾说，没有一个人在家里需要计算机。但就在那一年，史蒂夫·乔布斯（SteveJobs）意识到个人电脑将是一个极具潜力的事业，他和沃兹尼亚克共同创建了“苹果电脑公司”。他们推出了配有鼠标的Macintosh个人电脑，他虽然认识到个人电脑将会具有广泛的市场，而且下定决心要做个人电脑出售给需求巨大的用户，但他没有钱，怎么办?

乔布斯不愧是一个演说天才。他凭借他的高超的说服能力说服一部分顾客先付钱订购电脑，利用这些资金购买设备；随后又说服了多位供应商先免费提供生产个人电脑的原材料，等到电脑售出之后再付款。此后，他就开始生产第一台Apple个人计算机了。经过他的巧妙经营，很快，苹果公司的规模迅速扩大。一个白手起家的创业者自此走上了成功之路。苹果电脑在20世纪80年代初期风靡美国和世界市场，最兴盛时占据美国电脑市场8%的市场份额。

这就是语言的魅力所在！智慧的语言如同甘醇的老酒，香气四溢，令人回味无穷。掌握说话的技巧，能使我们轻易地操纵对方的情感，使其轻易就范。

良好的谈吐能够征服人心，使自己具备强大的吸引力。如果你想在滚滚人流中备受瞩目，就一定要对语言的力量给予足够的重视，否则就会淹没于人海中，鲜有人问津。

借助手势强化个人气势

手势是人们在交往过程中用来传递信息的各种手部动作，是人类最早使用的、至今仍被广泛运用的一种交际工具。在长期的社会实践过程中，手势被赋予了种种特定的含义，具有丰富的表现力，成为人类表情达意的最有力的手段之一，在肢体语言中占有最重要的地位。手势的“词汇量”在肢体语言当中相当丰富，是人与人之间交往中的第二张面孔。在交往的过程中，如果能够恰当地使用手势，就能帮助你更好地和他人进行沟通，使你的形象更有气势，谈吐更有魅力、更加动人。

通常，手势的表意功能可分为情绪性手势、指示性手势、模拟性手势、象征性手势和礼仪性手势五种类型。

1. 情绪性手势

情绪性手势是伴随着人的情绪起伏而发出的，常常用来表达或强调人的某种思想感情、情绪、意向或态度。比如说，高兴时拍手称快，悲痛时捶打胸膛，愤怒时挥舞拳头，悔恨时敲打前额，犹豫时抚摸鼻子，着急时双手相搓。一般来说，用手摸后脑勺则表示尴尬、为难或不好意思，双手叉腰表示挑战、示威或自豪，双手摊开表示真诚、坦然或无可奈何，扬起巴掌猛力往下砍或往外推，表示坚决果断的态度、决心或强调某一说词。情绪性手势是人内在情感和态度的自然流露，往往和表露出来的情绪紧密结合，鲜明突出，生动具体，往往能给听者留下深刻的印象。

2. 指示性手势

指示性手势是用来指示具体对象的手势动作。比如，用手指指自己的胸口，表示谈论的是自己或跟自己有关的事情；伸出一只手指向某一座位，是示意对方在该处就座。指示手势还可以用来指点对方、他人、某一事物或方向，还可以表示数目、指示谈论中的某一话题或观点等。指示性手势可以增强谈话内容的明确性和真切性，便于及时掌握听者的注意力。

3. 模拟性手势

模拟性手势是指比画事物形象特征的手势动作。如抬起手臂比画一个人的高矮，伸出拇指、食指构成一个圆圈比画鸡蛋的大小，抡起胳膊侧身往后模仿骑马，等等。模拟性手势在一定程度上能使听者如见其人，如临其境，由于它往往还带有一点夸张的意味，因而极富感染力。

4. 象征性手势

象征性手势是表示抽象意念的一类手势动作。这种手势往往具有特定的内涵，使用十分普遍。第二次世界大战期间，英国首相丘吉尔推广的一种象征胜利的“V”型手势（伸出右手的食指和中指构成“V”字形状，余指屈拢），19 世纪初风行于美国而后在欧洲被普遍采用的表示良好、顺利、赞赏等意思的“OK”手势（大拇指与食指构成一个圆圈，其他三指伸直张开），就是属于此类。在我国，举起握成拳头的右手宣誓表示庄严、忠诚和坚定；少先队员们将右手举过头顶象征人民的利益高于一切；跷起大拇指表示称赞、夸奖；跷起小指表示贬斥、蔑视。象征性手势能给谈话制造特定的气氛和情境，从而加强语言的表达效果。

5. 礼仪性手势

礼仪性手势是指在社交中用于致意、表示礼貌的手势动作。比如说，双方见面握手致意，表示礼貌热情；携手并肩表示亲切友好；挥手相送表示依依惜别；鼓掌致意表示欢迎、赞扬与支持等。礼仪性手势是社交中不可缺少的交际工具。需要指出的是，前面四种手势的划分并不是绝对的，有时，一个手势可以包含几种意义。比如说到要去“拥抱明天，拥抱未来”可能会激动地撒开双手向前伸出，这既是一种情绪的自然流露，又带有指示或象征意味。

手势的运用场合很多，在日常生活中，手势包括扬手、拱手、招手、摆手、摇手、伸出手臂或手指等动作。不管是哪一种手势动作，都要做到有感而发，准确、自然、优雅而不生硬，还要从实际出发，使动作恰当而简明地说明问题，表达感情。运用手势时还应与人的眼神、面部表情相结合，才能恰如其分地表达手势的意思。

当使用必要的手势辅助语言表达时，应该遵循以下原则：简洁明确，不滥用手势，让人辨别不清你的手势含义；幅度适度，手势使用要自然，通常以小幅度为宜，如果手势幅度过大、使用频率过多，会显得浮躁张扬，不够稳重；自然得体，不要刻意设计模仿，否则有可能虚假失真；和谐统一，使手势动作与自己的谈话表情要和谐一致，有助于思想意识的正确表达。

现实生活中，很多人在运用手势时存在着不少不良习惯，比如说，兴奋时的手势显得忘乎所以；遇到为难的事或着急的事，就当众抓耳挠腮；与别人谈话时，边讲边挠痒、搔头皮；在人多的场合，指手画脚、拉拉扯扯；说话时，反复使用一种手势，令人感到单调乏味。有一定文化修养、风度高雅的人，在人际交流场合应当十分注意手势的运用。与人交谈时，要留心控制自己的双手，不随便乱动，以保持文雅的风度。

手势对个人气场也有很大的影响。由于手势具有具体、鲜明、形象、动作幅度较大的特点，所以在辅助情绪表达的吸引力等方面，具有特殊的功能。潇洒的手势，最主要的特征是协调、适度，给人以美感。有的人虽然经常使用手势，但并不潇洒，也没什么变化，只是机械地比画几下，或一直重复一个习惯动作；有的人动作过多，令人眼花缭乱，手势非常夸张，让人感到滑稽、别扭，殊不知，不规范、缺乏审美感的手势，不但对个人气场起不到积极的作用，反而会分散对方的注意力，甚至使对方厌烦。

总之，在与人交往时恰当地使用手势，能够增强语言表达效果和感染力，增加个人形象的磁力。若想强化自己的气场，我们必须重视手势的特殊作用，积极规范自己的手势动作。

用礼仪维持你的形象吸引力

不论对待任何人，以礼待人，恭礼有加，恰到好处，就没有怨恨，久而久之必然使他自服，这样始终以礼服人，恭敬无礼则徒劳，谨慎无礼则畏惧，勇猛无礼则谋乱，正直无礼则绞乱。如果你对人无礼，他们就会以耻于人的无礼加于你。施礼于人的人所以自礼，怠慢于人的人所以自慢，讨厌他人的人所以自恶，尊敬他人的人所以自尊。凡是你加给别人的东西，人们自然会反加于自己。

日本的东芝公司是一家著名的大型企业，创业已经有 90 多年的历史，拥有员工 8 万多人。不过，东芝公司也曾一度陷入困境，土光敏夫就是在这个时候出任董事长的。他决心振兴企业，而秘密武器之一就是“礼遇”部属。身为偌大一个公司的董事长，他毫无架子，经常不带秘书，一个人步行到工厂车间与工人聊天，听取他们的意见。更妙的是，他常常提着酒瓶去慰劳职工，与他们共饮。对此，员工们开始都感到很吃惊，不知所措。渐渐地，员工们都愿意和他亲近，赢得公司上下的好评。他们认为，土光敏夫董事长和蔼可亲，有人情味，我们更应该努力，竭力效忠。因此，土光敏夫上任不久，公司的效益就大力提高，两年内就把亏损严重、日暮途穷的公司重新支撑了起来，使东芝成为日本最优秀的公司之一。可见，礼，不仅是调节领导层之间关系的纽带，也是调节上下级之间关系，甚至和一线工人之间关系的纽带。

无疑，与人为善、坦诚待人、谦恭有礼，是土光敏夫成功的法宝之一。而他真正高明之处，在于巧妙地将几者融为一身，形成了自己与人交往的风格。正是这种融为一体的风格，才使他在复杂的商海中游刃有余，成为一位魅力与实力并存的人物。

礼多人不怪是人之常情。有句古老的格言是这么说的：只有能赢得民心的国王，才会拥有最安泰的国家，才是持续保有权力的国王。大臣的衷心诚服，强过任何的武器；而大臣的忠诚与敬爱，比任何武器更有功效。我辈凡人的情形亦同，能赢得人心便可说是掌握了无与伦比的力量。

不能和悦地对待身份地位低下的人，且一味地将注意力倾注于名人，或是特别出色的人——地位高、特别美丽、人格高超的人身上，如此的态度，连最基本的礼貌也谈不上。事实上，土光敏夫在年轻时也曾如此。他只是一心注意魅力十足的一小部分人，认为其他的人全是虾兵蟹将，微不足道，以为对待他们，即便是一般的礼仪也不必顾及。

此种行为的结果，使土光敏夫树立了许多敌人。正是这些被他看不起的人，每每在他即将获得成功的时候给他致命的一击，使大家对他的评价向下调整。这些经历给了土光敏夫很大感触，使他认识到无论彼此的关系如何，都必须保持某种程度的礼节。从此以后，他便一直把这个“礼”字记在了心上。

正确使用微笑的惊人力量

微笑是世界上最美丽的语言。在人际交往中，微笑的作用是不能忽视的，无论对方拥有什么样的性格，多么难以相处，都不会拒绝一个善意的微笑。

一辆警车正追赶着一个持枪抢劫的歹徒。走投无路的歹徒拎着巨款跑进了一所居民楼，闯进了一扇虚掩的门。一个身材颀长的女孩正背对着他坐在窗前插花。

听到了声音，她转过身来。歹徒惊呆了，因为他看见一张阳光般灿烂的笑脸，而且她竟是一个盲人！女孩幸福地笑着说："你是在电视上知道我的吧？没想到，在我即将离开这个世界的时候，大家都这么关心我"！

歹徒突然对这个女孩产生了好奇："你刚才说你即将离开这个世界？"

"是啊，我有先天性心脏病，医生说我最多活到 19 岁。再有几天就是我 18 岁生日了。"

"我为你感到遗憾，你和我一样，要是能有更多的钱你也许会很快乐地生活下去！"歹徒苦涩地笑笑。

女孩微笑着说："你说错了，现在虽然没有钱但我感觉到了活着的快乐，我反而为那些用自己的生命换取金钱的人感到可悲！因为他们并不知道，快乐与否跟金钱无关。"

"你的插花真美，就像你的微笑那样让人着迷。我要去上班了，再见！"说着，便走出了她的家。

荷枪实弹的警察没费一枪一弹就抓获了歹徒。警察给他戴手铐的时候，他只说了一句话："请不要惊动那个女孩，更不要告诉她刚才发生的一切，好吗？"

一周后，在当地媒体对这一事件的后续报道中引述了劫匪发自肺腑的话："我最应该感谢的是她的微笑，如果没有她那粲然的一笑，根本就没有使我俩活下来的机会：她会死在我的枪口之下，而我则会在负隅顽抗中死于乱枪之下！是她的微笑救了她自己，也救了我。虽然她是一个盲人，但她显然懂得微笑对一个人的伟大意义。"

从这则真实而又感人的故事中，我们可以感受到微笑的力量。微笑的作用是无穷的，力量是强大的，像一缕阳光照进人们的内心深处，驱走了黑暗与阴霾。如果在人际交往中感到手足无措，没有方向，那么试着对他人微笑吧，它会使你瞬间变得更有吸引力。

一位化妆师曾说："微笑是最好的化妆品"。微笑是美丽的使者，是最有价值的配饰，如果能用微笑装扮自己，不仅能提升气质，更能提升他人心中的好感。"回眸一笑百媚生，六宫粉黛无颜色"，看看杨贵妃就知道微笑的力量了。

微笑是保护自我的一种方式。人有感情，有各种各样的情绪，但是出于各种各样的原因，人们必须隐藏内心的感情而不能将其表露出来。当人们不想流露内心的想法时，一个微笑往往能将问题掩饰，让一切看起来云淡风轻。

微笑也是缓解人际问题的一剂良药。当双方的关系陷入一个不自然的局面时，一个恰当的微笑往往能让不愉快烟消云散。微笑的作用是世界通用的，无论国籍语言、种族身份，仅仅一个微笑，所有人都会明白其中友好的含义。

因此，要想拥有良好的人际关系，获得人们的认可与好评，就要学会使用微笑，用微笑营造良好的人际氛围和自身形象。然而，微笑有很多种，不同的微笑有不同的含义，要想成功实现微笑的价值，还要学会使用不同的微笑。

1. 真诚的微笑

成功的人际关系离不开真诚的微笑。人们每天都会和不同的人打交道，都需要一些约定俗称的客套语来表示礼貌与友好，然而，没有什么语言比得上一个微笑的作用。这个微笑要发自内心，充满真诚，因为真心的微笑是可以看出来的。如果在与周围人接触时，适时的用真诚的微笑表示友好，一定能用美好的心意感染他人，而他人也会用真诚回报我们。

2. 友善的微笑

人与人之间难免出现摩擦与误会，但是如果任由他们扩大发展，一定会成烈火燎原之势，最终殃及自身。所以，大度与宽容是必要的。但是，由于处境的尴尬和自尊心的需要，人们很难用语言解决所有问题。这时，一个善意的微笑将会替代所有语言来解决问题，将不快与矛盾化解，因为对方感受到了善意与真诚。

3. 歉意的微笑

每个人都会犯错误，而这些错误很可能对他人造成影响。这时，除了道歉以外，还要用歉意的微笑化解对方心理的疑虑。因为，从微笑中，对方能够看到你道歉的诚意，感受到你的认真负责，有所担当。也会因此对你产生积极的印象。

4. 信服的微笑

一个受人欢迎的人绝对不会是桀骜不驯，高傲自大的。只有虚怀若谷，谦虚随和才会赢得他人的好感和爱戴。因此，当他人取得成绩时，应该报之以泰然的态度，而不能因为他人的优秀而表现得很不服气，甚至产生嫉妒心理。人都要力争上游，但是绝不能表现的有失风度。要试着泰然的接受他人的成绩，如果对其报之以信服的微笑，要胜过很多句恭喜之类的祝贺的话语。信服的微笑不仅会让对方感受到我们的胸怀，还会迎来他人的好感，因为没有人不喜欢欣赏信服自己的人。

5. 职业的微笑

有一些职业主要和人打交道。这类的职业最重要的业绩保证就是良好的人缘。比如销售类行业，从事这类职业的人需要经常性的与他人打交道，而他人的印象也往往决定着销售的业绩。身处这类职业的人如果能够经常带着职业的微笑同客户打交道，一定会赢的更多人的好感，让业绩更上一层楼。

6. 礼貌的微笑

在正式场合往往会有很多必要的礼仪。可是，却有很多人将这种礼仪变成了不得不应付的程式化过程，他们表情冷漠，很容易看出内心的不情愿。而这类人给人的印象也往往是消极的。所以，如果能够在表现必要的礼节时带上微笑，一定会给他人留下难忘而美好的印象，这对吸引力的塑造是非常重要的。

修养始终是你最高档的名片

良好的修养是吸引力的基础。对于有修养的人，所有的大门都向他们敞开。即使他们身无分文，也随处可以受到人们的热情款待。一个举止得体、谦和友善、助人为乐、颇具风度的人，在人生道路上必定是畅通无阻的。

如果我们在生活中养成了良好的修养，就等于为自己开启了社交的大门，所有的一切，不费吹灰之力就可以轻而易举地获得，很多人甚至还可能主动找上门来。

巴黎有家名为“廉价商场”的商店，店面很大，里面的员工数以千计，产品也应有尽有。这家商场有两个颇具特色的特点：一个是童叟无欺，不管谁来买，商品都是一个价，且价格都很低；另一个是，他们非常注重自己员工的素质，员工必须尽一切努力做到让顾客满意。凡是其他商店能做到的，他们都必须做到，还要做得更好。这样，他们就给每一个来过“廉价商场”的顾客都留下了美好的印象。因此，这个商店的生意也是蒸蒸日上，最后还成为全球最大的零售商店之一。

还有一个贫穷的牧师，他的经历也相当奇特。有一次，他在教堂门口看到几个小青年在捉弄两个身着古旧样式衣服的老妇人。他们的嘲笑使老妇人非常窘迫，以致不敢踏进教堂。牧师见后主动带着她们走入里面坐了下来。两个老妇人尽管和这个牧师素不相识，但这之后却把一笔很大的财产留给了他，他的好心得到了好报。

修养本身就是一笔财富，可以起到替代金钱的作用，有了它就像有了通行证一样，随处畅通无阻。有修养的人不用付出太多就可以享受到一切，他们在哪里都能让人感到有如阳光般的温暖，处处受人欢迎。因为他们带来的是光明、是太阳、是欢乐。一切妒忌、卑劣的心理，遇到他们自然也就会举手投降了，你想，蜜蜂又怎会去蜇一个浑身沾满蜂蜜的人呢?

英国政治家柴斯特·菲尔德说："一个人只要自身有修养，不管别人的举止多么不恰当，都不能伤他一根毫毛，他自然就给人一种凛然不可侵犯的尊严，会受到所有人的尊重；而没有教养的人，容易让人生出鄙视的心理。"

说到这里，不仅想起一个故事：

有位男士非常向往绅士风度，于是他来到一座绅士会所，希望能够有所收益。

刚刚进门，一位女侍应生由于走得急，不小心将托盘中的酒洒到了他的礼服上。这位男士眼见自己新做的礼服被弄脏，不禁怒由心生，破口大骂："混蛋！你走路没长眼睛啊！竟然弄脏了我的礼服！真倒霉！"

尽管女侍应生一再道歉，但该男士依旧不依不饶，骂个不停，弄得那女孩子眼泪直在眼眶中打转。这时，会所的女主管走了过来，说道：“先生，真对不起，她是刚来的，不懂规矩，我代她给您道歉。”

“道歉？！道歉就能让我的礼服变干净吗？它可足足花了我半个月的工资！”说着，该男士又骂了起来。

片刻之后，女主管问道：“先生，请问您来这里是做什么的呢？”

“我是来学绅士风度的，谁知道遇上这么个不长眼睛的，真倒霉！”

“那么，我来教您吧。”女主管说着，走到一位正在谈话的男士身边，故意将酒洒在了对方的礼服上。

“哦，先生对不起，我不是有意的。”

对方连忙起身，对女主管施了一礼，关心地问道：“我没有吓到您吧？”

女主管转向骂人的男士：“你看，这就是绅士风度！”

那位男士满脸羞红，逃也似的走出了会所。

当别人无意冒犯你时，你是会“得理不饶人”，还是会一笑了之？此时此刻，请一定要慎重选择哦！因为这足以体现你的风度。

诚然，装扮得漂亮的确是一件好事，会引来大家的交口称赞。但这种外在美毕竟是比较低层次的美，它不应该妨碍我们去追求真正生活中更高层次的美。一些人错误地将所有精力、所有时间以及全部收入都放在了衣着上，却大大忽略了内心的修炼，忽略了他人对我们的要求和期望。这种关心外在胜于关心内在的行为往往是很不可取的。

要知道，良好的举止足以弥补一切自然的缺陷。通常，一个人最吸引别人的，不是容貌的魅力，而是举止的优雅。古时候，希腊人认为美貌是上帝的特殊恩宠，但同时，如果一个具有美貌的人没有同样美丽的内在品质，就不值得我们欣赏了。在古希腊人的心目中，外在的美貌其实是某种内在的美好气质的反映，这些气质包括快乐、和善、自足、宽厚和友爱等。政治家米拉波是一个有名的丑男，据说他长相难看，但却没有人不被他的风度所折服。

修养的美就如艺术之美，在于它的少有棱角，线条始终保持连续、柔和的弧形。有很多人的心灵之所以不能更上一层，向世人展示更优美的品质，正是由于个性中存在的棱角太多。无论有什么样出色的品质，一旦表现出粗暴、唐突、不合时宜，其价值也就自然而然地受损。而事实上，只要我们多加注意自身的言行举止即可。

亚里士多德曾描述过一个真正具有教养的绅士应该是什么样的："无论身处顺境、逆境，一个宽宏大量的人都会追求行事适度。他不期望人们的欢呼喝彩，也不让别人对他嘲弄贬低；成功的时候不会得意忘形，遭受了失败也不愁眉苦脸。他不会去做无谓的冒险，不会随随便便谈论自己或者别人；他不在意别人的诽谤，也不会对人委曲求全。"

真正有教养的人就应当表里如一。宝石上光之后尽管更亮，但首先它必须是颗宝石。而一个真正懂得做人的智者是举止温文尔雅、谦逊知礼、不会轻易动怒、更不会主动挑衅的人。他从不恶意猜测别人，更不用说自己会去做罪恶的事了。他努力克制欲望，提高自身品位，出言谨慎，尊重他人。他可能会失去一切，但绝不会失掉勇气、乐观、希望、德行和自尊。这样，即使他没有了一切，他仍然是一个极具吸引力的人。

培养担当精神将气场点燃

主动、负责是一种非常强大的力量：它可以使人赢得尊重和信任，从而强化人际关系；它可以使人赢得机会的青睐，从而扭转向下的人生轨迹；更重要的是，它可以改变平庸的生活状态，使一个人变得杰出优秀。

有一位成绩出色的研究生，刚刚毕业就被分配到了一个火箭研究机构工作。当时，研究所正好接了一个新科研项目——让卫星起飞后再脱离火箭。这个项目非常有难度，此前，国内从未尝试过这种方式，国外倒是有所尝试，但大多以失败收场。

在一次论证会上，有位权威专家提出了一个可行性方案。不过，在“满足入轨精度”的问题上，还需要做进一步论证。这时，整个会场陷入了一片沉默之中。而坐在后排只是负责旁听的他突然说道：“可以用计算机计算一下！”一霎时，所有人的目光全部聚集到了他的身上，主持会议的领导当场问他：“你来干行不行？”

就这样，原本只是在地面负责“拧螺丝钉”的菜鸟一下子成了项目的挑大梁者。过了一年多的时间，卫星按照他编订的方案发射成功。他就是中国航天科技集团副总经理张庆伟。

后来有人问他：“如果当初没有主动揽下不属于分内的工作，你现在会怎样？”

他笑了笑回答：“肯定不会是现在这个样子，说不好开会时还在后排旁听呢！”

有的人没有得到提拔，并不是因为没有本领或者得不到机会的眷恋，而是因为在关键时刻不敢去露一手。他们没有胆量，自信心不足，或者认为是分外之事而不去插手，结果是坐失良机，白白浪费了自己的才华和表现自己的机会。人生，只有磨砺过才有光泽，只有承担过才显厚重。正是有了担当，人生的意义更显非凡。敢担当、会担当的人，会把分内事做到使人满意，把分外事做到让人惊喜，他们因此形成了强有力的磁场，因而会被赋予更多的使命，也才有资格获得更大的荣誉。而一个缺乏主动性、没有责任感的人，首先失去的是社会对自己的基本认可，其次失去了别人对自己的信任与尊重，甚至也失去了自身的立命之本——信誉和尊严，这样的人，能力再强也无用武之地。

善用幽默打造欢乐磁场

有幽默感的人是很有魅力的，幽默感可以让整个世界都绽放出灿烂的微笑。

幽默是一种艺术，也是一门学问，它不但能够为你赢得更多人的关注，还可以成为你摆平尴尬气氛的可靠武器。使本来紧张的局面在瞬间变得和谐起来，使针锋相对的两个人不失体面地恢复到友好的状态。这一切的一切都在说明着幽默在这个世界上的位置。我们要想在人前彰显自己别样的风度和个性，不如从现在起有意识地学习一些简单的幽默，并慢慢改变自己的古板性格，它不但会帮你与别人建立起进一步沟通的桥梁，还会悄悄地融进你的生活，让你感受到人生的另一种兴奋和快乐。

欧阳力强每天早上都想多睡一会儿，起得晚了，于是经常迟到，不知道上司厉声警告他多少次了。上次，上司还盯着他的眼睛说："欧阳力强！要是你下次再迟到，你就自己收拾东西，不用我多说了！"

一连好几天，欧阳力强都起得很早，但是这天却不巧遇到了交通堵塞。"生病""轮胎漏气""闹钟坏了""邻居家的老人中风了，送他去医院了"……这些理由也太不新鲜了，而且这些老一套已经不管用了，上司大概已经为解聘准备好了托词，或者说是自己造成了这种局面。

等到欧阳力强到了办公室的时候，里面悄然无声，每个人都埋头干活。一个同事冲他使个脸色，示意上司很生气，后果很严重。果然，上司一脸严肃地朝他走了过来。

欧阳力强突然满面微笑地握住上司的手说："您好！我是欧阳力强，我是来这里应聘工作的，我知道35分钟之前这里有一个空缺，我想我应该是最早来应聘的吧，希望我能捷足先登！"说完，欧阳力强一脸自责又充满希望地看了看上司。

办公室突然哄堂大笑，上司憋住不让自己笑出声来，"快点工作吧！”说完自己走到办公室独自大笑起来。欧阳力强，就这样保住了自己的工作。

这就是幽默巨大的作用，它总是能让人愉快地接受说服者的意见。这个世界需要欢乐，所有人都愿意和能够制造欢乐的人在一起沟通共事。它引发的笑声和愉悦的氛围，可以改善交流的环境，这样一来，烦恼变为欢畅，痛苦变为愉快，尴尬也转为了融洽。它犹如一块磁铁，深深地吸引着周边的人，博得对方的好感，很快地将彼此的距离拉近。它又好比尴尬的润滑剂，在无形中消除了彼此的怒气和怨恨。

幽默是人类特有的天赋，幽默与智慧相伴。古往今来，许多智者都不无幽默感，他们的智趣中蕴含幽默，而幽默中带有机智。正如俄国文学家契诃夫所说：“不懂得开玩笑的人是没有希望的人。”

再让我们看看下面的一个故事：

著名国画大师张大千在抗日战争胜利后，很想回一趟自己的老家四川。临行前，他的一个学生设宴为老师送行。宴会上还邀请到了梅兰芳等许多社会名流。

当宴会开始的时候，张大千先生便站起身来，向梅兰芳先生敬酒，他说：“梅先生，你是个君子，我是个小人，所以我先敬你一杯。”梅兰芳不知其含意，就笑着问道：“此话怎解？”张大千先生笑着说：“正所谓君子动口不动手，你是个君子——就只管动口，我是个小人——就只管动手了。”张大千先生用幽默的语言使在场所有宾客都为之大笑，宴会气氛一片大好，在座的所有宾客都打心底里佩服他的风趣幽默。

我们常有这样的体会，在会场或聚会中，一席趣语可使笑语满堂，气氛和谐而轻松，增加接受效果；在友人间的笑谈中，一则笑话，常令人捧腹不止，在笑声中交流和深化了感情；在旅游登山时，一句幽默，引出一阵嘻嘻哈哈，顿时使人倦意全消，鼓劲前行。可见，幽默与笑是情同手足的姐妹。上乘的幽默是鼓劲的维生素，是交际的润滑剂，是智慧的推进器。

幽默的本质就是有趣、可笑和意味深长。幽默是人类智慧的结晶，是一种高级的情感活动和审美活动。幽默的作用不仅是让人发笑，那只是它最肤浅的作用，其对于制造幽默的人作用更为强大。只要我们灵活地运用好这份强大的力量，那么我们的生活就会从此变得更有色彩，我们的身边就会拥有更多赞许和钦佩的目光。

声誉，不容有失

——为自己做一张光彩夺目的精神名片

声誉是吸引力的重要拼图，它显示着一个人的高度自重和内心的安全感与尊严感，之于人际关系，它就是一张严肃而郑重的精神名片。声誉不容有失，费十年之功积累的声誉，一时心乱神迷，便可烟消云散，直令吸引力瞬间崩塌。

你有原则，才让人钦佩

不能坚持自己原则的人，就好像墙上的无根草，随风飘摆不定，找不到自己的方向。这样的人，是得不到别人信任的，更谈不上吸引力。所以不要为了谋取小功小利而不择手段，甚至放弃自己的最后一项原则。一旦原则丧失，你在精神层次上就会一无所有。

国外某城市公开招聘市长助理，要求必须是男人。

经过多番角逐，一部分人获得了参加最后一项“特殊考试”的权利，这也是最关键的一项。那天，他们云集在市府大楼前，轮流去办公室应考，这最后一关的考官就是市长本人。

第一个男人进来，只见他一头金发熠熠闪光，天庭饱满，高大魁梧，仪表堂堂。市长带他来到一个特建的房间，房间的地板上洒满了碎玻璃，尖锐锋利，望之令人心惊胆寒。市长以威严的口气说道：“脱下你的鞋子！将桌子上的一份登记表取出来，填好交给我！”男人毫不犹豫地将鞋子脱掉，踩着尖锐的碎玻璃取出登记表，并填好交给市长。他强忍着钻心的痛，依然镇定自若，表情泰然，静静地望着市长。市长指着大厅淡淡地说：“你可以去那里等候了。”男人非常激动。

市长带着第二个男人来到另一间特建房间，房间的门紧紧关着。

市长冷冷地说："里边有一张桌子，桌子上有一张登记表，你进去将表取出来填好交给我！"男人推门，门是锁着的。"用脑袋把门撞开！"市长命令道。男人不由分说，低头便撞，一下、两下、三下……头破血流，门终于开了。男人取出登记表认真填好，交给了市长。市长说道："你可以去大厅等候了。"男人非常高兴。

就这样，一个接一个，那些身强体壮的男人都用意志和勇气证明了自己。市长表情有些凝重，他带最后一个男人来到特建房间，市长指着房间内一个瘦弱老人对男人说："他手里有一张登记表，去把它拿过来，填好交给我！不过他不会轻易给你的，你必须用铁拳将他打倒……"男人严肃的目光射向市长："为什么？""不为什么，这是命令！""你简直是个疯子，我凭什么打人家？何况他是个老人！"

男人气愤地转身就走，却被市长叫住。市长将所有应考者集中在一起，告诉他们，只有最后一个男人过关了。

当那些伤筋动骨的人发现过关者竟然没有一点伤时，都惊愕地张大了嘴巴，纷纷表示不满。

市长说："你们都不是真正的男人。"

"为什么？"众人异口同声。

市长语重心长地说道："真正的男人懂得反抗，是敢于为正义和真理献身的人，他不会选择唯命是从，做出没有道理的牺牲。"

……

我们是不是应该从中感悟到点什么？人的成功离不开交往，交往离不开原则。只有坚持原则的人，才能赢得良好的声誉，他人也愿意与你建立长期稳定的交往。坚持原则还使人们拥有了正直和正义的力量。这使你有能力去坚持你认为是正确的东西，在需要的时候义无反顾，并能公开反对你确认是错误的东西。

坚持原则还会给我们带来许多，诸如友谊、信任、钦佩和尊重等。人类之所以充满希望，其原因之一就在于人们似乎对原则具有一种近于本能的识别能力，而且不可抗拒地被它所吸引。

每个人都应该这样保持本色，坚守做人的原则，不忘我们做人之根本，是我们在这个世上立足立身之基础所在。

培养让人信赖的自控力

控制自己不是一件容易的事情，因为每个人心中永远存在着理智与情感的斗争。但如果任由感情支配自己的行动，自己就成为感情的奴隶。那么，在特殊时刻，你可能会完全放弃自己的道德标准，会随波逐流，成为追赶强烈欲望的奴隶，甚至侵害到他人利益。因此，我们又说自制力是一切美德的根本。

很多人在生活中难免会遇到恶意的攻击、陷害，甚至经常会碰到种种不如意。有的人会因此大动肝火，结果把事情搞得越来越糟，而有的人则能很好地控制住自己，泰然自若地面对各种刁难和不如意，在生活中永远立于不败之地。

1980 年美国总统大选期间，里根在一次关键的电视辩论中，面对竞选对手卡特对他在当演员时期的生活作风问题发起的蓄意攻击，当时他丝毫没有愤怒地表示，只是微微一笑，诙谐地调侃说：“你又来这一套了。”一时间引得听众哈哈大笑。里根这么做，反而把卡特推入尴尬的境地，从而为自己赢得了更多选民的信赖和支持，并最终获得了大选的胜利。

自制不仅能使人充满自信，也能赢得别人的信任。人们总是相信那些能控制自己的人，因为那样的人更值得信任；人们也相信一个无法控制自己的人既不能管理好自己的事务，也不能管理好别人的事务。一个人可能在缺乏教育和健康的条件下成功，但他绝不可能在没有自制能力的情况下成功。只有通过对自己的约束，才能使自己度过艰难的岁月和困苦的境地而冲到最前面去。

但真正能做到自制的人很少，因为他们总是很容易败在自己手里。他们总是很容易在思想上放松对自己的约束，所以要自制就必须从树立自律意识入手。

如果你想要具备足够的吸引力，就千万不要纵容自己，给自己找借口放任自流。对自己严格一点儿，时间长了，自律便会成为一种习惯、一种生活方式，你的人格和智慧也因此会变得更完美，你才能够吸引来别人的信任与尊敬。

别做自毁声誉的愚蠢事

人格是一生最重要的资本。要知道，糟蹋自己的名誉无异于在拿自己的人格做典当。

一个人凭着自己良好的品性，能让人在心里默认你、认可你、信任你，那么，你就有了一项成功者的资本。要比获得千万财富更足以自豪。但是，真正懂得获得他人信任的方法的人真是少之又少。多数人都无意中在自己前进的康庄大道上设置了一些障碍，比如有的人态度虚伪、有的人缺乏机智、有的人不善待人接物……这些常常使一些有意和他深交的人感到失望，对他失去信任。

聪明人都会努力培植自己良好的名誉，使人们都愿意与之深交，愿意竭力来帮助自己。

有一次，我国一艘海轮通过美国主管的巴拿马运河，可是该船抵达外锚地已是下午 4 点，这里已有 30 余艘船正在排队等候通过。如果按先来后到的次序，我国这艘海轮最早也要等到第二天下午才能过巴拿马运河。时间就是金钱。光排队耗费的时间，就会使这艘海轮损失一笔可观的收入。正在中国船员为这件事十分懊丧时，美国方面却通知：中国海轮早上 5 点起锚，为第二名通过的轮船。

这艘中国海轮为什么会受到优待呢？原来，主管巴拿马运河的美国管理机构不讲情面，却重信誉。他们从计算机调出的档案资料表明：这艘中国海轮三次经过巴拿马运河，每次都是船况良好，技能颇佳，可信度高，所以决定让中国海轮领头先行。

望着运河中缓缓而行的船队，中国船员想着自己海轮所受到的优待，更觉得“信誉”不但重千金，而且是永久性成功的生命力。

人要获得成功，因素有很多，但有一点不容忽视，那就是声誉。优秀的人为了维持自己的吸引力，从来不会做自毁声誉的事情。正如有人比喻的：信誉仿佛是条细线，一旦断了，想接起来，难上加难！

美国堪萨斯城郊的一所高中，一批高二的学生被要求完成一项生物课作业的过程中，其中 28 个学生从互联网上抄袭了一些现成的材料。

此事被任课的女教师发觉，判定为剽窃。于是，不但这 28 名学生的生物课成绩为零分。并且还面临留级的危险。在一些学生及家长的抱怨和反对下，学校领导要求女教师修改那些学生的成绩。这位女教师拒绝校方要求，结果愤而辞职。

这一事件，引起了全社会的广泛关注，成为全市市民关注的焦点。

面对巨大的社会反响，学校方不得不在学校体育馆举行公开会议，听取各方面的意见。结果，绝大多数的与会者都支持女教师。

该校近半数的老师表示，如果学校降格满足了少数家长修改成绩的要求，他们也将辞职。

他们认为：教育学生成为一名诚实的公民，远比通过一门生物课程更重要。

被辞退的女教师每天接到十几个支持她或聘请她去工作的电话。

一些公司已经传真给学校索要作弊学生的名单，以确保他们的公司今后永不录用这些不诚实的学生。

谁会想到呢，一些中学生的一次作业抄袭行为所引的事件，竟在全美国引起轩然大波。

也许有的人会认为美国人是在小题大做，这样想错了。在这个故事中，我们应该感受到的是“声誉”两个字那沉甸甸的分量。声誉是一个人立足社会的基础，一个人可以失去财富、失去机会、失去事业，但万万不可失去声誉。一个声名狼藉的人，在这个世界上将会举步维艰。

你要让你的信用代表你

有一句话说：“敦厚之人，始可托大事”，一个人如果不够诚实，不讲信用，往往在交际上成为两面派，在社会上成为唯利是图的小人，这样的人是不会交到真正的朋友的。交友如果不交心，一切都不会长久。人与人之间办事，需要相互以诚相待，真正的大丈夫要言而有信，诚实可靠。在与朋友交往中，要言行一致，信守诺言。

不论在生活上或是工作上，一个人的信用越好，就越能成功地打开局面，做好工作，你应对的客人愈多，你的事业就做得愈好。可以说，诚信就是你最好的人生品牌。

历史上著名的改革家商鞅，为尽快实施自己的变法主张，就用“诚信”为自己铸造了一面金牌。

公元前 350 年，商鞅积极准备第二次变法。

商鞅将准备推行的新法与秦孝公商定后，并没有急于公布。他知道，如果得不到人民的信任，法律是难以施行的。为了取信于民，商鞅采用了这样的办法。

这一天，正是咸阳城赶大集的日子，城区内外人来人往，车水马龙。

时近中午，一队侍卫军士在鸣金开路声引导下，护卫着一辆马车向城南走来。马车上除了一根三丈多长的木杆外，什么也没装。有些好奇的人便凑过来想看个究竟，结果引来了更多的人，人们都弄不清是怎么回事，反而更想把它弄清楚。人越聚越多，跟在马车后面一直来到南城门外。

军士们将木杆抬到车下，竖立起来。一名带队的官吏高声对众人说：“大良造有令，谁能将此木搬到北门，赏给黄金 10 两。”

众人议论纷纷。人们互相打探、询问……谁也说不清是怎么回事。因为谁都没听说过这样的事。有个青年人挽了挽袖子想去试一试，被身旁一位长者一把拉住了，说：“别去，天底下哪有这么便宜的事，搬一根木杆给 10 两黄金，咱可不去出这个风头。”有人跟着说：“是啊，我看这事儿弄不好是要掉脑袋的。”

人们就这样看着、议论着，没有人肯上前去试一试。官吏又宣读了一遍商鞅的命令，仍然没有人站出来。

城门楼上，商鞅不动声色地注视着下面发生的这一切。过了一会儿，他转身对旁边的侍从吩咐了几句。侍从快步奔下楼去，跑到守在木杆旁的官吏面前，传达商鞅的命令。

官吏听完后，提高了声音向众人喊道："大良造有令，谁能将此木搬至北门，赏黄金 50 两！"

众人哗然，更加认为这不会是真的。这时，一个中年汉子走出人群对官吏一拱手，说："既然大良造发令，我就来搬，50 两黄金不敢奢望，赏几个小钱还是可能的。"

中年汉子扛起木杆直向北门走去，围观的人群又跟着他来到北门。中年汉子放下木杆后被官吏带到商鞅面前。

商鞅笑着对中年汉子说："你是条好汉！"商鞅拿出 50 两黄金，在手上掂了掂，说："拿去！"

消息迅速从咸阳传向四面八方，国人纷纷传颂商鞅言出必行的美名。商鞅见时机成熟，立即推出新法。第二次变法就这样取得了成功。

诚信是吸引力的重大要素。只要我们恪守诚信，吸引力总在那里，它绝不会让我们失望的。

诚信，就是不欺人，重承诺，不耍花招，敢于负责。作为一种传统美德，诚信不仅是个人道德修养的底线，也是人际交往和各种社会事务顺利进行的基本保证。因此，你要让你的信用代表你，让你的名字走进每一个与你打过交道的人心中，你要使他们信赖你，觉得你是一个可靠的人。

哪怕吃亏也要守住信誉

在大千世界中，不同的人有不同的做人之道，奸诈者有之，投机者有之，轻狂者有之，骄傲者有之，但是这些人绝不能成大事，至少不能长久成大事，因为他们不具备吸引成功的素质。

对于李嘉诚这位 30 岁就凭着自己的努力成为富豪的人来说，作为一个商人最重要的素质就是“信”。其实，李嘉诚对事业上的“信”与他对人的“诚”是分不开的，诚信相合，即为“义”。从对子女的教育上最能看出一个人的为人和心中的想法。

李嘉诚坦言：“以往 99% 是教孩子做人的道理；现在有时会谈论生意，约三分之一谈生意，三分之二教他们做人的道理。因为世情才是大学问。世界上每一个人都精明，要令人家信服并喜欢和你交往，那才最重要。”

2002 年，李嘉诚旗下的长虹生物科技公司要上市融资，当时长科公司全年的营业收入才几十万港元，根本就不盈利，但是股票发行时还是获得了好几倍的认购。为什么？因为香港人相信李嘉诚的信誉，相信跟着李嘉诚投资不会吃亏，“李嘉诚”三个字就是金字招牌。

李嘉诚在总结自己成功做人之道时，有一句深邃而精辟的话，叫作：“让你的敌人都相信你！”这句话令人过目不忘。道理非常简单，就是现在已被许多人淡忘的那两个字——诚信。“我答应的事，明明吃亏都会做，这样一来，很多商业的事，我答应的事，比签合约还有用。”并非李嘉诚自诩，曾有人通过采访的途径，在他的竞争对手那里得到了证实：“他讲过的话，就算对自己不利，他还是按诺言照做，这点是他的优点。答应人家的事，明明知道吃亏可还是照做。”李嘉诚为人之道如此，其成功之路也受此影响。

有一年，李嘉诚决定在伦敦以私人方式出售他持有的香港电灯集团公司股份的10%。计划过程中，港灯即将宣布获得丰厚利润的消息，李嘉诚的得力助手马世民马上建议他暂缓出售，以便卖个好价钱，但是，李嘉诚却坚持按原计划出售。李嘉诚说，还是留些好处给买家好，将来再配售会顺利点，赚钱并不难，难的是保持良好的信誉。《远东经济评论》对此发表评论，非常精辟地说：“有三样东西对长江实业至关重要，它们是名声、名声、名声。”

诚信，是一池清澈的水，所有的真诚，都明明白白地装在里面，谁不喜欢！而失信则如同被一团污泥弄脏了的池水，谁又不厌恶呢？而且“一个人一旦一次失信于人，别人下次再也不愿意和他交往或发生贸易往来了。别人宁愿去找信用可靠的人，也不愿意再找他，因为他的不守信用可能会生出许多麻烦来”。真正的成功者是以诚实为做人之道，李嘉诚认为，以诚为本，才能永远有饭吃，才能做大生意，这是人人皆知的道理，但却不是人人都能做到的。

那么，如何提升自己的信用呢？以下几点可供借鉴：注意自我修养，善于自我克制，做事必须恳切认真，建立起良好的名誉；应该随时设法纠正自己的缺点；行动要忠实可靠，做到言出必有信，与人交易时诚实无欺。以上这几点都是自我信用的重要评价。记住罗赛尔·赛奇说："坚守信用是成功者的最大关键。"一个人要想赢得人家的信任，一定要下极大的决心，花费大量的时间，不断努力才能做到。

答应的就一定要做到

一个人立身处世，信用很重要，这是人的名誉的根本，是魅力的深层所在。但信用绝非一朝一夕便可树立。

我们常说的"君子一言，驷马难追"，讲的就是人的信用。一个没有信用的人，是为人所不齿的。现在的生意场上，公司、企业做广告做宣传，树立公司、企业在公众中的形象，就是想提高公司、企业的信用度。信用度高了，人们才会相信你，和你来往，成交生意。不过，公司、企业的信用度得靠产品够佳的质量、优良的服务态度来实现，而非几句响亮的广告词，几次优惠大酬宾便可做到。人的信用也是如此。

吹牛皮的人，可以用自己的嘴巴将火车吹着跑。人的信用，不是靠三寸不烂之舌便可"吹"得起来的，得看实实在在的行动。说得天花乱坠，而做起来又是另一套，只会让人更厌恶，更看不起，何谈为人的信用？

获得众人的信任，铸就自己的信誉，不论你采取何种方法，笃诚、守信及勤劳是最根本的要诀。

承诺的力量是强大的。遵守并实现你的承诺会使你在困难的时候得到真正的帮助，会使你在孤独的时候得到友情的温暖，因为你信守诺言，你的诚实可靠的形象推销了你自己，你便会在生意上、婚姻上、家庭上获得成功。

这并不是空话，有许多事实可以证明这一点，国外国内知名度很高的企业无不把信誉放到第一位，受人尊敬的人无不是守信用的楷模。

相反的，有些人随随便便地向别人开“空头支票”，到头来又不兑现，相信他们无论在哪一方面都不会成功的。

马来西亚文人朵拉，写了一篇文章，题目叫《答应不是做到》。作者在总结人们的应酬交际活动时，提出了人们在交往中的一种不诚实，不信守诺言的现象。文章写道：

很多时候，我们要求别人办事，他们的反应是：“好的，好的。”年轻的时候，我听到朋友这样回答，就非常放心，并且感动得很，因为有些朋友实在是才结交不久的。然而过不了多久，便发现自己的心放得太早了。当人们点着头说“好的，好的”时，他只是口头上说好，至于真的去实行，如果十个里有一个，就是你的幸运了。

文章中说，这类交际者“承诺时，态度看起来非常诚恳，日子走过，把说过的话当成风中的黄叶，霎时便无影无踪”。

说到底，承诺是一种信誉，一种责任。我们全然忽视了它的重要意义。答应帮助别人做的一点小事，是没有必要签订合同的。承诺的结果是应诺，履践诺言。真正的应诺有时像美丽的童话，让人感动得心灵震颤。

量力而行，别胡乱应承

做人做事要量力而行，自己感到难以做到的事，要勇敢地鼓足勇气，承认自己的不足，让对方有个了解的空间，对自己也有一个缓和的余地。要勇于说“不”。试想一下，如果硬撑着答应，将来误了事儿，那才不好收场。勉强应承能力之外的事情，将来丢脸的肯定是自己。

屈老师刚到育才中学任教，正碰上市教委到该校抽人，拟对全市中学进行实地考察，并写出调查报告。因屈老师还没有安排授课，就抽了他去。起初，他感觉为难，心想自己不仅对本市中学教育情况不熟悉，就是对教育工作本身，自己刚刚走出校门，又能知道多少呢?他本不想参加，无奈校长已经开口，实在不好拒绝，只好勉强服从。

一个半月过去了，别人都按分工交了调查报告，唯有他一个人，由于不熟悉情况，又缺乏经验，对自己分工调查的三个中学连情况都没摸清，更不用说分析了。市教委主任很恼火，责备该校校长，怎么推荐这么一个人。屈老师面子受不了，又气又羞愧，一下子病倒了，在床上躺了两个星期。

屈老师由于当初不好意思拒绝，最终面子难保，身心都受到了伤害。作为下级，往往在领导提出要求时，虽然不乐意，但又不好意思拒绝，但是你没有考虑到，如果为了一时的情面接受自己根本无法做到的事，一旦失败了，领导就不会考虑到你当初的热忱，只会以这次失败的结果对你进行评价。如果你认为对上级拜托你的事儿不好拒绝，或者害怕因拒绝会引起领导不高兴而接受下来，那么，此后你的处境就会更艰难。

每个人都有自己的能力极限，我们并不是万事皆能的全才，覆水难收，话一出口就没有挽回的余地，后果就需要自己去承担。一旦失利，失去的不仅是做成这件事的机会，还有他人对你的信任。试想一下，一个只会说不会做的人，谁会喜欢？因此，当遇到他人的请求时，不要把话说得太满，要给自己一个回旋的余地。

诚然，拒绝别人的要求确实是件不容易的事，大家都有体会。央求人固然是一件难事，而当别人央求你，你又不得不拒绝的话，也是叫人头痛的。因为每个人都有自尊心，希望得到别人的重视，同时也不希望别人不愉快，因而，也就难以说出拒绝的话了。不过，当你经过深思熟虑，倘若答应对方的要求将会给你或他带来伤害，那么，就应该拒绝，而不要为了面子问题，做出违心的事来，结果对双方都无好处。逞匹夫之勇的害处无非就是费力却不讨好，让自己的面子和形象都大打折扣，因此当我们做人做事的时候一定要量力而行，对自己做不到的事，要说明情况，不要勉为其难。乱逞英雄、匹夫之勇都是不可取的行为，这样做和一个没有理智的莽夫没有区别。

装可怜，只会让人厌烦

为什么我们的两颗眼珠都是朝着前方？那是因为我们要多看看别人，不要只看自己。为什么我们的两只胳膊都朝里面弯？因为我们要多靠自己，尽量不要依赖别人。可是，有些自以为聪明的人往往违背了生命的本意，他们的两只眼睛总是盯着自己是否得到了什么，而两只胳膊又总是伸向别人，去要求、去索取，就像寄生虫一样地活着。更有甚者，甚至索性用卑微的态度去博取同情，用抱怨的话语去求得认同，事实上，你得到的不是同情与认同，而是越来越重的鄙夷。到最后，连你自己都会在这些负面的念头中彻底沉沦。

我们来看看下面这则故事，看看那些可怜的人：

史密斯走出办公大楼，身后突然传来“嗒……嗒……嗒——”的声音，很显然，那是盲人在用竹竿敲打地面探路。史密斯愣了片刻，接着，他缓缓转过身来。

盲人觉察到前方有人，似乎突然矮了几厘米，蜷着身子上前哀求道：“尊敬的先生，您一定看得出我是个可怜的盲人吧？你能不能赏赐这个可怜人一点时间呢？”史密斯答应了他的请求，“不过，我还有事在身，你若有什么要求，请尽快说吧。”他说。

片刻之后，盲人从污迹斑斑的背包中掏出一枚打火机，接着说道：

“尊敬的先生，这可是个很不错的打火机，但是我只卖 2 美元。”史密斯叹了口气，掏出一张钞票递给盲人。

盲人感恩戴德地接过钞票，用手一摸，发现那竟然是张百元美钞，他似乎又矮了几厘米：“仁慈的先生啊，您是我见过最慷慨的人，我将终生为您祈祷！愿上帝保佑您一生平安！先生您知道吗？我并非天生失明，我之所以落到这步田地，都是拜 15 年前迈阿密的那次事故所赐！”史密斯浑身一颤，问道：“你是说那次化工厂爆炸事故？”

盲人见史密斯似乎很感兴趣，说得越发起劲：“是啊，就是那一次，那可是次大事故，死伤好多人呢？！”盲人越说越激动：“其实我本不该这样的，当时我已经冲到了门口，可身后有个大个子突然将我推倒，口中喊着让我先出去，我不想死。而且，他竟然是踩着我的身子跑出去的！随后，我就不省人事，等到我从医院中醒来，就已经变成了这个样子！”

谁知，史密斯听完以后，口气突然转冷：“霍华德，据我所知，事情并不是这样，你将它说反了！”

盲人亦是浑身一颤，半晌说不出一句话来。史密斯缓缓地说：“当时，我也在迈阿密化工厂工作，而你，就是那个从我身上踏过去的大个子，因为，你的那句话，我这一生也忘不了！”

盲人怔立良久，突然一把抓住史密斯，发出变调的笑声：“命运是多么的不公平！你在我身后，却安然无恙，如今又能出人头地，我虽然跑了出来，如今却成了个一无是处的瞎子！这灾难原本是属于你的，是我替你挡了灾，你该怎么补偿我？！”

史密斯十分厌烦地推开盲人，举起手中精致的棕榈手杖，一字一句地说道：“肖恩，你知道吗？我也是个瞎子，你觉得自己可怜，但我相信我命由我不由天！”

遭遇相同，境遇却大相径庭。有人甘愿沦落，以落魄博取同情，有人自食其力，博得个满堂红。这便是“能人”与“懦夫”的区别。

那么，当你看见有如这位盲人一般猥琐的人时，心中是否产生了厌恶感呢？请注意，不要让自己成为那样的人。你抱怨再多，也不可能改变现状，唯有行动才能帮助你开辟一片属于自己的天地；你处境再难，也不是沉沦的借口，同情不可能将你从深渊中拯救。不要让别人觉得你可怜，无论我们最终会成为什么样的角色，但你必须是自己生命中的主角。你时常去求人，低三下四、低眉顺眼，或许可以得到别人的怜悯，但不会长久，没有人愿意为你无休止地奉献。更何况，那是一种人性自尊的损伤，也是一种个性缺失的悲哀，这样的人生没有多大意义，这样的你将注定无法与别人处在一条平等线上。

承担过错，就能挽回声誉

人活着总会犯错，不管大错还是小错。人犯了错，一般有两种反应，一种是死不认错，而且还极力辩白。另一种反应是坦白认错。

第一种做法的好处是不用承担错误的后果，就算要承担，也因为把其他的人也拖下水而分散了责任。此外，如果躲得过，也可避免别人对你的形象及能力的怀疑。但是，死不认错并不是上策，因为死不认错的坏处比好处多得多。

不认错和狡辩对自己的形象有强大的破坏性，因为不管你口才如何好，又多么狡猾，你的逃避错误换得的必是“敢做不敢当”之类的评语。最重要的是，不敢承担的错误会成为一种习惯，也使自己丧失面对错误、解决问题和培养解决问题能力的机会。所以，不认错的弊大于利。而诚实认错，坏事往往也可以变成好事。

有个年轻人，家里一贫如洗，于是前往南方一发达城市打工。求职时许多用人单位都拒绝了一没技术二没文化的他，最后，他只能从事简单、机械的体力劳动。他用身上仅有的几百元买了一辆二手车，每天定时给一家饭店送菜送货。

有一天晚上，送货途中，由于车速过快，逆向行驶的他将一位拾荒的老人撞倒，老人倒在地上不省人事，他自己也摔成重伤。在好心人的帮助下，他和老人被送往附近医院急救。住院需要押金，他将几千元货款全部交了押金。晚上医生告诉他，老人的伤势很严重，需要几万元手术费，请他想办法通知家人筹款。几万元对于一个月收入只有 1000 多块、仅能勉强度日的他来说，无疑是一个天文数字。到哪里筹集这笔巨额的医药费呢？躺在床上输液的他心绪大乱。

最后，他趁医务人员不注意，拔掉针头悄悄跑掉。他潜回住处匆匆换掉衣服，与饭店老板结清费用，连夜在那个城市销声匿迹。

他在另一个城市过起了流浪生活，每天早出晚归四处求职，但结果很不理想。眼看身上的钱就要花完了，他将希望寄托在了街头的彩票点上，每天他只花 2 元钱买一注彩票，这样雷打不动地坚持了一个月，幸运的是，有一天他竟然中了一万元。兴奋不已的他在城郊租了一间非常窄小的店面，办起了 2 元超市，利润很低。经过一段时间的经营他发现，住在城郊的大多是外来打工者，他们心疼钱，更钟爱这种“2 元”超市的小商品。于是他扩大规模，又租了一间店面，打出零利润的旗号，又用不多的钱雇了一个打工者。很快，他的零利润超市因为物美价廉赢得了大批打工者的青睐。他以规模制胜，许多供货商以低于他人的批发价给他的零利润超市供货，两者互惠互利，赚的钱也越来越多，一年以后，他已拥有了近 10 万元的积蓄。

有了钱他的心里愈发不安，不知为什么，每天晚上盘点收支时，心里都有种刀割般的感觉，脑中总是不时闪现自己撞人后从医院逃逸的情景。他赚的钱越多，这种负罪感就越强烈，让他寝食不安，夜不能寐。最后，他决定到那个城市去赎罪，还清拖欠的医疗费、老板的货款和预支的工资。

在医院里他长跪不起，深深地忏悔，向医生讲述了当初为何悄悄逃逸的原因。医院原谅了他的过错，他缴纳了所欠的医疗费，并向医院捐了 10 万元钱，以解救那些无钱治病的人。

老院长拉起他语重心长地说：“一个人生理麻木没关系，怕的是良知麻木；一个人有了过错不要紧，怕的是道德沦落而不觉醒。我建议给你的捐款起个名字，你认为该怎么称呼好？”

他如获重释地说：“就叫责任觉醒救助金吧。”医院一致通过了这个命名。

回去后，他将超市的名字改成“觉醒零利润超市”，生意越做越大，效益越来越好。

人无完人，没有一个人是没有过失的，只要有了过失之后勇于去改正，依然能够得到别人的认可，前途依然阳光。

其实，与其逃避责任，不若勇敢承担。若是大错，遮掩不住，狡辩无非是“此地无银三百两”，令人对你心生嫌恶。若是小错，用狡辩去换取别人对你的嫌恶，更划不来。

把慈善当成一份事业来做

为什么人人都想成功？因为一朝成功，高高在上，前呼后拥，好不威风。

然而，有的人发达以后就开始纸醉金迷，穿名牌服装，坐名牌车，喝名牌酒，抽名牌烟，进高档餐厅，住高级宾馆，入高级浴室，拥漂亮女郎，上会馆，下赌馆，无所不尽其极，通宵达旦，夜夜尽欢乐。直弄得年纪轻轻已经是精力减弱，体虚神衰，面黄肌瘦，终有千般补品也无济于事。

与之相对的，现在世界上仍然有很多人生活于贫困线之下，即使三餐一宿也成问题。世界上有善心的人不少，如果拥有财富的人都不以财富作为炫耀的资本，不将财富用作个人享乐挥霍，拨出一些他们并不等用的闲钱从事慈善公益事业，那么这个世界上贫穷不幸的人就会得到更多慰藉，而给予者的个人声誉及吸引力都会达到顶峰。

潘石屹就做过很多与慈善有关的事情，但是印象最深刻的还是十年前与一位白血病患者的接触。那时候，他的事业才刚刚起步，突然收到一封白血病患者的求助信，信中提到由于没有治病的钱而打算放弃治疗了。潘石屹被这份字体俊秀、内容真诚的信打动了，立即把自己一个月的工资和一部分积蓄捐给了那个叫朱晶平的病人，还动员了公司的副总一起捐款。

令潘石屹意想不到的是，朱晶平竟然因此而完全康复，还上了北京电视台的一个节目当众感谢潘石屹。节目播出之后，潘石屹的办公室几乎成了“白血病求助中心”，每天大量的求助电话和来信，让潘石屹应接不暇，也难辨个中真假。直到近年，潘石屹与一家专业的治疗白血病机构合作，捐款 500 万，希望能让更多的身患白血病的儿童活下来。

潘石屹认为做善事固然需要物质支持，但更需要的是慈善、被感动的心。他很气愤那些打着各色名号为自己谋私利或名声的行为。他说：“我做善事有两点，一是救急不救穷，二是关注教育事业。每一次我做善事都感觉到心灵的净化。”

一个人的生命，应该是有助于他人的，才充满喜悦、快乐。对人人怀着善意，对人人抱有亲爱友善态度所发生的喜悦和快乐，才能称为成功，才能称为幸福。我们有所“给予”，才能有所获得。舍得把金钱奉献给社会，你也会收获社会的丰厚回报，比如慈善的名声、社会的尊敬。取之于民，用之于民，让财富服务于社会、服务于大众，才真正发挥了金钱的作用。

有的人，虽然非常长寿，但是，别人也没有得他的益处，所以他这一生是有一点浪费的。有的人虽然年纪轻轻就去世了，但是他对我们这个社会有非常好的贡献，因此他虽死犹生。做人，最要紧的是内心的富贵。一个人有了衣食住行这个条件之后，应该对社会多一点贡献，或者说义务，也可以说是责任。

缝合品格的硬伤
——铲除埋伏在你心灵中的人格障碍

一个人要想引起周围的人的关注和好感，必须具有良好的人格。“圆满的人格”从任何角度去观察，都可看到某种令人心旷神怡的东西，可以感动周围的人，还能有效地改善人与人之间的关系。人格天平上的砝码，质地越纯，价值越重，吸引力也就越大。

有人格魅力就有强大吸引力

人缘对每个人来说都是非常重要的，拥有了良好的人际关系你才能走向成功。然而怎样才能有好人缘呢？靠金钱地位吗？不，只有你的人格魅力才能为你赢来更多、更牢固的友谊。

人缘是很微妙的东西。我们在世间的一举一动，所接触的大人物或小人物都很可能变成日后成败的因素。而世间，密密麻麻地结着人缘的网，我们每一个人都生活在一个个的网目之中，攀缘着网丝可以和许多人拉上关系。假如我们能和这么多人建立良好的人际关系，使他们成为在事业上帮助你的朋友，在生意上照顾你的顾客，那你一定非常成功。

因此，你结的网丝越多、越坚固，就等于你有一笔无形的巨大的财产。关键是利用这个资本做什么。

船王包玉刚在总结自己的成功经验时，就认为善于运用良好的人际关系是重要因素。他跟汇丰银行以及日本商人的关系很不错。汇丰银行给他以支持，实际上是从私人关系上敲开门的。包玉刚向汇丰银行首次借贷时，公司名气不大，自己也没有多少身价，当时汇丰银行不准备贷款给他，但是他与汇丰银行一个小部门的负责人私交甚好，在这层关系下，汇丰银行贷了一笔数额很小的款项给他。包玉刚并不气馁，努力工作，用这笔钱赚取了利润；同时，对他朋友的尽力帮助表示衷心感谢，虽然没能达到大额贷款的目的，两人的友谊却不断加深。后来这位负责人升职为银行的高级决策人员，加上包玉刚把企业管理得很好，使他获得了越来越多的贷款。另外，包玉刚着力发展与日本船商及造船厂的合作，并且运用自己严谨、宽厚、节俭的工作作风赢得了日本商人的赞赏，与他们建立了很好的关系。有一次，因为某种特殊的原因，包玉刚需要提前造好一艘船，当时那家造船厂的活儿已经很满了，但就是因为包玉刚和厂主的关系，厂里毫不犹豫地为他的船加班加点。事成后，包玉刚大赚了一笔。

从包玉刚的身上，我们看到了人缘对一个人的重要性。如果他小肚鸡肠，因为没有从汇丰银行那儿得到巨额贷款而迁怒于朋友，那他的事业还能有更大的发展前景吗？一个人如果整天愁眉不展、牢骚满腹，还有谁肯接近他？想让人帮助就更不可能了。因为情绪是可以传染的，如果和一个快乐的人待在一起，你就会感到快乐。但和一个喜欢闹情绪、多疑而计较的人在一起，你就会感到不舒服，就必须小心翼翼、提心吊胆。所以，人人都喜欢别人给自己带来欢乐，喜欢接近带给自己快乐的人，而一个人可以信任也会吸引许多人在他的周围。因为信任他就可以不用担心自己会吃亏上当。

许多年轻人在谈及自己的提升或是人生最初起步时，都归功于自己乐于助人、亲切随和的性格，也就是说，在任何可能的情况下都要用积极的心态去对待自己，帮助别人。这正是美国总统林肯最突出的品质之一。

林肯总是替别人着想，不管在什么情况下都能以积极乐观的心态对人，这使得他在任何场合中都能与别人打成一片。律师事务所的合伙人亨恩顿先生说："在林肯先生住所住满了人的时候，他会把自己的床让给别人。然后，他自己就到店里的柜台上睡，卷一卷布当作枕头。"正是这种心态使他获得了好人缘，从政后他受到人民的爱戴。

林肯的好名声为什么不会随着岁月的流逝而消失，反而与日俱增，妇孺皆知呢？因为林肯的一生都保持着正直的品格、良好的心态、极好的人缘。

试问，在美国的历届总统中，有谁能像林肯那样精神不死、流芳百世呢？看来的确是印证了一句话："人的魅力是世界上最伟大的一种力量。"

自我反思让人格走向成熟

自我反思，简而言之就是自我反省、自我检查，以能"自知己短"，从而弥补短处，纠正过失。

力求上进的人都是重视自我反思的。因为他们知道，反思自己是认识自己、改正错误、提高自己的有效途径，自我反思使人格不断趋于完善，让人走向成熟。

孔子的学生曾参说，他每天从三方面反复检查自己：替人办事儿有未曾尽心竭力之处吗？与朋友交往有未能诚实相待之时吗？对老师传授的学业有尚未认真温习的部分吗？他就是这样天天自省，让自己的长处继续发扬，不足之处及时改正，最终成为学识渊博、品德高尚的贤人。

自我反思是一种使道德不断完善的重要方法，是治愈错误的良药，它能给我们混沌的心灵带来一缕光芒。在我们迷路时，在我们掉进了罪恶的陷阱时，在我们的灵魂遭到扭曲时，在我们自以为是，沾沾自喜时，自省就像一道清泉，将思想里的浅薄、浮躁、消沉、阴险、自满、狂傲等污垢荡涤干净，重现清新、昂扬、雄浑和高雅的旋律，让生命重放异彩，生气勃勃。

自我反思的主要目的是找出过失及时纠正，所以反思绝不可以陶醉于曾获得过的成绩，更不可以文过饰非。“静坐常思己过”，以安静的心境自查自省，才能克服意气用事的干扰，发现自己的本来面目，捕捉到平时自以为是的过失。

只有善于发现并且勇于承认自己的过失，才能进一步纠正过失。我们常常看不到自己的短处，很多缺点都是通过旁人的指出才知道的，这就要求我们用一颗平常心来对待别人善意的规劝和指责，反省自己的过失。俗话说“忠言逆耳利于行。”那些逆耳忠言，常常能发掘我们不易察觉的另一面。

成华是位应届大学生，他学的是英文，自认为无论听、说、读、写，对他来说都只是雕虫小技。

他对自己的英文能力相当自信，因此寄了很多英文履历到一些外资公司去应征，他认为英文人才是就业市场中的绩优股，肯定人人抢着要。

然而，一个星期接着一个星期过去了，成华投递出去的应征信函却杳无音讯，犹如石沉大海一般。成华的心情开始忐忑不安，此时，他却收到了其中一家公司的来信，信里刻薄地提道：“我们公司并不缺人，就算职位有缺，也不会雇用你。虽然你认为自己的英文程度不错，但是从你写的履历来看，你的英文写作能力很差，大概只有高中生的程度，连一些常用的文法也错误百出。”

成华看了这封信后，气得火冒三丈，好歹也是个大学毕业生，怎么可以任人将自己批评得一文不值。成华越想越气，于是提起笔来，打算写一封回信，把对方痛骂一番，以消除自己的怨气。

然而，当成华下笔之际，却忽然想到，别人不可能会无缘无故写信批评他，也许自己真的太自以为是了，犯了一些错误是自己没有察觉的。

因此，成华的怒气渐渐平息。自我反省了一番，并且写了一张感谢卡给这家公司，谢谢他们举出了自己的不足之处，用字遣词诚恳真挚，把自己的感激之情表露无遗。

几天后，成华再次收到这家公司寄来的信函，他被这家公司录取了！

自我反思是一次自我解剖的痛苦过程，它就像一个人拿起刀亲手割掉自己身上的毒瘤，这需要巨大的勇气。认识到自己的错误或许不难，但要用一颗坦诚的心灵去面对它，却不是一件容易的事。懂得反思，是大智；敢于反思，则是大勇。割毒瘤可能会有难忍的疼痛，也会留下疤痕，但它却是根除病毒的唯一方法。只要“坦荡胸怀对日月”，心地光明磊落，反思的勇气就会倍增。古人云：“君子之过也，如日月之食焉。过也，人皆见之；更也，人皆仰之。”这句话的意思是：日食过后，太阳更加灿烂辉煌；月食复明，月亮更加皎洁明媚。君子的过错就像日食和月食，人人都看得见，但是改过之后，会得到人们更崇高的尊敬。

板住你那沾火就着的臭脾气

小时候听过一个故事，说有一个人提着网去打鱼，不巧下起了大雨，他一赌气将网撕破。网撕破了还不够，又因气恼一头栽进池塘，从此就再也没有爬上来。小时候想，世上哪有这样的傻子，这一定是个哄人的故事。现在想起来，这个故事还是很有意义的。

愤怒，就精神的配置序列而论，属于野兽一般的激情。它能经常反复，是一种残忍而百折不挠的力量，从而成为凶杀的根源，不幸的盟友，伤害和耻辱的帮凶。

据说，有一个法官在宣判一个杀人犯死刑以后，走到他的面前，对他说："先生，请问你还有什么话要对你的家人说吗？"谁知那个囚犯毫不领情，他怒吼道："你去死吧，你这个伪君子、混蛋、刽子手，你对我的裁决一点也不公正！"法官受此辱骂，自然非常生气，他对着囚犯非常粗鲁地斥责了十几分钟。然而，法官刚一说完，囚犯的脸上立即露出了笑容，这一次，他很平静地对法官说："法官先生，您是一个受人尊敬的大法官，受过高等教育，读了很多书，可以说是一个文明人，可是，我只不过是骂了您几句而已，您就如此失态；而我，一个文盲，小学没毕业，大字不识一个，做着卑微的工作，因为别人调戏我老婆，我一时冲动，杀死了对方，而最终成了死刑犯。虽然我们的结果不一样，但有一点却是一样的，那就是我们都是情绪的奴隶！”

当我们对着他人充满愤怒地咆哮着的时候，我们的情绪就在被对方牵引着滑向失控的深渊。情绪控制对于每个人而言都是一个非常大的挑战，尤其是愤怒的情绪，更是如此。因为坏脾气总是会把我们的人生搞得一团糟，这不单单对我们的心情会有影响，还有可能会影响到我们与朋友之间的友谊，与家人之间的和睦，甚至改变我们一生的走向。怎么说我们也已经是个成年人了，不能再像个孩子一样任性撒泼，我们应认识到，被坏情绪所左右会给我们的人生带来多么严重的后果。所以当你生气的时候，你要自己提醒自己，不要因为自己的恶劣情绪，做出伤人害己的事情来，否则，你就会为自己的坏脾气付出代价。

卓立是一个白手起家的大老板，他的事业做得很大，但与员工的关系却并不好，原因是他的脾气太暴躁，骂起员工来一点也不给人留面子。员工私下里说，一定是老板在打工时受了太多气，现在把气都发到他们头上来了。卓立的一个老朋友看到他怎样对待员工后，叹息着说："你的脾气太大了，太能摆架子了，你想做垃圾堆里的老板吗？"后来卓立果然尝到了坏脾气的恶果：他得力的助手一个个离开了他，他发现自己再也没有什么可指挥的了，事业也急转直下。

生活不可能平静如水，人生也不会事事如意，人的感情出现某些波动也是很自然的事情。可有些人往往遇到一点不顺心的事便火冒三丈，怒不可遏，乱发脾气。结果非但不利于解决问题，反而会伤了感情，弄僵关系，使原本已不如意的事雪上加霜。与此同时，生气产生的不良情绪还会严重损害身心健康。

美国生理学家爱尔马通过实验得出了一个结论：如果一个人生气10分钟，其所耗费的精力，不亚于参加一次3000米的赛跑；人生气时，很难保持心理平衡，同时体内还会分泌出带有毒素的物质，对健康十分不利。所以，我们应该是情绪的主人，而不是情绪的奴隶。

想想我们的坏脾气给自己的生活带来了多么大的麻烦吧！当你用一张死板的面孔面对自己的同事和下属的时候，当你用不耐烦的口气挂断父母的电话的时候，当你回到家对自己的家人大吵大嚷的时候，他们都将会以怎样的心情承担坏脾气带来的不良氛围呢？如果长此以往下去，你一定会变成一个不受欢迎，被别人敬而远之的人。因为别人也是人，别人也同样有自己的脾气，没有人能够永远地去包容你的坏脾气，更不会有人能长时间地去容忍因为你的坏个性给自己带来的麻烦。所以，我们应该努力管理好自己的情绪，以豁达开朗、积极乐观的健康性格去工作、去生活，而不是让急躁、消极等不良性格影响到我们自己和你身边那些最爱的人。我们不要让自己的情绪影响自己的心情，更不要让自己的坏脾气影响到别人的心情。毫无疑问，我们应该成为自己情绪的主人，这样才能营造出雄厚稳定的吸引力。

气量狭小，吸引力大不了

生活中，我们偶尔会碰到这样的人——他们心思狭隘，些许小事也会记恨良久，一句无心之言也会令其大动肝火，即我们口中常说的小肚鸡肠。可想而知，这样的人自然不会有什么好人缘，更别说吸引力了。

一如三国时的张昭，虽在孙策死前曾被委以大任，但终因自己气量狭隘而未能得以拜相。

一次，孙权大宴群臣，让诸葛恪为大家敬酒。诸葛恪依命向大臣们一一敬酒。斟到张昭时，张昭已醉推辞不喝，而诸葛恪依然再劝，张昭不悦道："这哪里是尊敬老人！"孙权故意给诸葛恪出难题，说："看你能不能让张公理屈辞穷把酒饮下，不然这杯酒就你喝了。"

于是，诸葛恪对张昭说："过去师尚父九十岁，还能披坚执锐，领兵作战，不言自己已老。现在，带兵打仗，请您在后，而喝酒吃饭，请您在前，这怎么能说是不敬老呢？"张昭无言以对，只得把酒喝下，但从此就记恨上了诸葛恪。

有一天，孙权和诸葛恪、张昭等大臣在殿中议事，忽然一群鸟飞到殿前，这些鸟头部均为白色。孙权不知道这是什么鸟，就问诸葛恪："你知道这鸟叫什么名字吗？"诸葛恪不假思索地回答："这种鸟叫白头翁。"诸臣中张昭年纪最大，又是一头白发，他以为诸葛恪是在借机取笑自己，就对孙权说："陛下，诸葛恪在骗人！从来没有听说过叫白头翁的鸟。如果真有白头翁，那是不是应该有白头母呢？”

诸葛恪立刻反驳道：“鹦母这种鸟，大家一定都听说过吗？如果依老将军的话，那一定还有鹦父了，请问老将军能打到这种鸟吗？”张昭顿时无言以对。

因为气量狭小，张昭很难与人搞好关系。甘宁自降吴以后，急于立功，于是请求征黄祖、取刘表，并自请任先锋。孙权觉得可行，准备实施。张昭却不同意，甘宁很不高兴，反唇相讥道：“国家以萧何之任付君，君屠守而忧乱，奚以希慕古人乎？”孙权看到这种情形，赶紧劝道：“兴霸，今年兴讨，决意付卿，卿但当勉建方略，令必克祖则卿之功，何嫌张长史之言乎？”孙权虽然为二人解了围，但明显站到了甘宁一边。

从这件小事就可以看出，实际上，东吴众将不服张昭。后来，孙权果然令甘宁为先锋征黄祖，并大获全胜。

张昭之所以不能为相，还由于他的自大。张昭虽为东吴重臣，其实并没有什么雄才大略，但他却目中无人。东吴有大才者，首推周瑜，次为鲁肃，而他竟不把鲁肃放在眼里，他说：“鲁肃虽然薄才，可不够谦逊，年纪太轻处世经验不足，难堪大用。”

不仅如此，张昭的胆量也不够壮。汉献帝建安十三年秋，曹操率数十万大军南下，企图夺取江东，众武将欲战，而以张昭为首的文官却欲降。幸亏周瑜、鲁肃坚持，才在赤壁大败曹操。

除了直言忠谏外，张昭在其他方面恐怕没什么才能，而且因为气量小，不能够处理好与同僚的关系，所以若是任他为相，东吴上下必会君臣离心，四分五裂，所以他到最后也未能拜相。

像张昭这样的人在生活中并不少见，我们当然不能如此，也不必和这种人斗气，应以大度之心避免与其发生冲突，当然，若是他对你的人生发展产生了不良影响，那就巧妙地与之周旋，用策略来对付他。总之，我们切不可因气量狭小而破坏自己的人际关系，拖垮了成功，同时，对于那些令“听者有意”的事情，也应三思后行，尽量少做。

放弃不理智的指责与争执

与人打交道，对一些事情产生分歧和矛盾是很正常的事情。这时候，若是一个明智的人，就不会随便指责任何人。尽管你已经知道事情的整个过程，尽管你坚信自己的判断是正确的，但也要展现出自己成熟的风度。这是我们必须遵守的做人原则，因为那个动不动就翻脸的年代已经不再属于你了。

年少时，我们会因为与对方发生争执而相互指责，你认为你是对的，他认为他是对的。就这样，两个人互不让步，甚至恶语相加，既影响到了彼此的心情，也给彼此的自尊心带来伤害。长大以后，我们的心境平稳了很多，不管发生了什么事情，都要记得自己是为了更好地解决问题而来的。就算与对方发生了分歧甚至争执，也一定要学会以礼待人，做一个明智而有吸引力的人。这不但代表着你已经步入成熟，也向对方展现了你理智的一面，这样的行为对于我们来说绝对是非常重要的。

人的本性就是这样，无论他做得有多么不对，他都宁愿自责而不希望别人去指责他。别人是这样，我们也是这样。在你想要指责别人的时候，你得记住，指责就像放出的信鸽一样，它总要飞回来的。要记住，指责不仅会使你得罪了对方，而且也使得他一定会反过来指责你。即使是对下属的失职，指责也是徒劳无益的。如果你只是想要发泄自己的不满，那么你得想想，这种不满不仅不会为对方所接受，而且还会为你树立一个敌人；如果你是为了纠正对方的错误，那为什么不去诚恳地帮助他分析原因呢？

手段应当为目的服务，只有怀有不良的动机，才会采用不良的手段。许多人有强大吸引力的秘密，就在于他们很少指责别人，从不说别人的坏话。面对可以指责的事情，你完全可以这样说："发生这种情况真遗憾，不过我相信你肯定不是故意这么做的，不过为了防止今后再有此类事情发生，我们最好分析一下原因……"这种真心诚意的帮助，远比指责的作用明显而有效。

另外，对于他人明显的谬误，你最好不要直接纠正，否则会好像你故意要显得高明，因而伤了别人的自尊心。在生活中一定要牢记，如果是非原则之争，要多给对方以取胜的机会，这样不仅可以避免树敌，而且也许已使对方的某种"报复"得到了满足，于己也没有什么损失。口头上的牺牲有什么要紧，何必为此结怨伤人？对于原则性的错误，你也得尽量含蓄地进行示意。既然你原意是为了让对方接受你的意见，何必用伤人的举动来凸显自己。

你可以用神态、声调或是手势，告诉一个人他错了，这样就像我们说话一样的有效……而如果你告诉他错了，你以为他会感激你吗？不，永远不会！因为你对他的智力、判断、自信、自尊，都直接地给予强有力的打击，他不但不会改变自己的意志，而且还想对你进行反击。如果你运用柏拉图、康德的逻辑来跟他理论，他还是不会改变自己的意志的，因为你已伤了他的自尊。这时候你千万别说：“你不承认自己有错，我证明来给你看。”你这话，等于是说：“我比你聪明，我要用事实来纠正你的错误。”那是一种挑战，会引起对方的反感，不需要等你再开口，他就已经准备接受你的挑战了。即使你用了最温和的措辞，要改变别人的意志，也是极不容易的，何况处于那种极不自然的情况下。

假如由于你的过失而伤害了别人，你得及时向人道歉，这样的举动可以化敌为友，彻底消除对方的敌意。说不定你们今后会相处得更好。既然得罪了别人，当时你自己一定得到了某种发泄，与其等待别人的“回泄”——不知何时飞出一支暗箭，远不如主动上前致意，以便尽释前嫌，演绎流传千古的“将相和”。

为了避免树敌，还有一点需要特别注意，这就是与人争吵时不要非得争上风不可。请相信这一点，争吵中没有胜利者。即使你口头胜利，但与此同时，你又树立了一个对你心怀怨恨的敌人。争吵总有一定原因，总为一定的目的。如果你真想使问题得到解决，就决不要采用争吵的方式。争吵除了会使人结怨树敌，在公众前破坏自己温文尔雅的形象外，对你的正面形象没有丝毫的作用。如果只是因为日常生活中观点不同而引发争论，就更应避免争个高低。如果你一面公开提出自己的主张，一面又对所有不同的意见进行抨击，那可是太不明智了，这样会致使自己被孤立并成为众人的仇恨对象。如果你经常如此，那么你的意见再也不会引起别人的注意。你不在场时别人会比你在场时更高兴。你知道得这么多，谁也不能反驳你，人们也就不再反驳你，从此再没有人跟你辩论，而你所懂得的东西也就不过如此，再难以从与人交往中得到丝毫的补充。因为辩论而伤害别人的自尊心、结怨于人，既不利己，还有碍于人而使自己树敌，这实在不是聪明的做法。

不要不顾一切地表现自己

每个人都想拥有展示自己的舞台，更想向世界证明自己是个强者，但是千万不要把注意力都集中在展示自己身上，也要多关注一下其他人的感受，尽管表现自己是一件很痛快的事情，但它绝对不能因此而成为其他人的痛苦和麻烦。

每个人都希望自己的舞台越大越好，希望自己可以在人前人后展示自己的强者之美。告诉身边的每一个人："我是最棒的。"但是这个时候出现了一个问题，那就是有些人总会在这个舞台上忘乎所以，这种"忘我"的境界让他很难意识到底下的观众已经开始紧锁眉头。这是他们在为人处世方面的一个重大失误，他们忘记了，在展现自己的同时，也要顾及其他人的感受，只有这样才能最大限度地获得别人的赞美和认同。

有的人说话，不顾及别人的感受与想法，只是一个人滔滔不绝，说个没完没了，讲到高兴之处，更是眉飞色舞，你一插嘴，立刻就会被打断。这样的人，还是大有人在的。吴峰就是这样一个人，只要他一打开话匣子，就很难止住。跟他在一起，你就要不情愿地当个听众。他甚至可以从上午讲到下午，连一句重复的话都没有，真不知道他的话都是从哪来的。每次他找人闲聊，大家都躲得远远的，因为和他在一起实在有点儿害怕。

人与人交往，重要的是双方的沟通和交流。在整个谈话过程中，若只有一个人在说，就不容易与对方产生共鸣，达不到沟通和交流的效果。就是说，交谈中要给他人说话的机会，一味地唠叨不停就会使人不愿意与你交谈。

每个人对事物的看法各不相同，如果你在与他人交往的过程中，把自己的观点强加给别人，就会引起他人的不满。其实，每个人由于生活经历不同，对事物的认识也会不尽相同，各持己见也是正常的现象。但是当他人提出不同意见时，就断然否定，把自己的观点强加给别人，这样必定会给人留下狭隘偏激的印象，使交谈无法进行下去，甚至不欢而散。当你与他人交谈时，应该顾及对方的感受，以宽容为怀，即使他人的观点不正确，也要坚持与对方共同探讨下去。

吴明辉是某大学外国语学院的学生会主席，能言善辩，口才极佳。但他有一个特点，凡事争强好胜，常因为一些问题的看法与别人争得面红耳赤，非得争个输赢出来才肯罢休。他总认为自己说的话有道理，别人说的话没道理。别人的看法和观点，常常被他驳得一无是处。大家讨论什么问题时，只要他在场，他就会疾言厉色，一会儿反驳这个，一会儿又批评那个，好像只有他一个人是正确的，别人都不如他。如果不把死的说活，活的说成仙，他就不会善罢甘休。就这样，他常常会把气氛弄得很紧张，最后大家只好不欢而散。

其实，表现自己并没有错。在现代社会，充分发挥自己的潜能，表现出自己的才能和优势是适应挑战的必然选择。但是，表现自己要分场合、分方式，更要适度，别忘乎所以。避免矫揉造作，否则好像是做样子给别人看似的。特别是在众多同事面前，只有你一个人表现得特殊、积极，往往会被人认为是故意造作，推销自己，常常得不偿失。

张广元是一名刚进企业的大学生，在学校的时候他是鼎鼎有名的高才生，所以一进企业就想好好地表现自己一番，得到上司的认同，尽早拥有提升的机会。一次上司开会和大家讨论下一步的运营方案，张广元觉得施展自己的才华的时候到了，于是他不顾别人在会上夸夸其谈，按照自己的思路把自己的想法都说了出来。尽管他的陈述很到位，但是大家还是皱起了眉头。会后很长时间公司没有一个人跟张广元说话，在投票选举新主管的时候，张广元自然因为自己的人缘不够好而落选了。

作为一个初来乍到的人，进入到一个新环境都应该本着尊敬别人向别人学习的原则做事。只有这样大家才会帮助你，你才能更快地走进集体的圈子。可是张广元在这里就不会为人处世，他急于表现自己，给了别人一种很不舒服的感觉。由此看来这种只顾着表现自己的行为真的不可取，它不但会影响到你与左邻右舍的人缘，还很有可能葬送了自己的前程。

除此之外，还有的人，十分热衷于突出自己，与他人交往时，总爱谈一些自己感到荣耀的事情，而不在意对方的感受。

陈先生就是这样一个人，不论谁到他家去，椅子还没有坐热，他就把家里值得炫耀的事情一件一件地向你说，说话的表情还是一副十分得意的样子。一位老同学下岗了，经济上有点紧张，他知道了，非但没有安慰人家，反而对这位同学说："我现在工作还算稳定，每月工资 8000 元，就是太忙，赚了钱都不知道怎么花。"这时候他开始显示自己身上的那一身西装，因为很值钱，于是就在朋友面前炫耀："这是我从香港买的名牌西服，你猜一猜多少钱？ 1 万元！"说完后，一脸得意的表情，感觉就好像说："怎么样，买不起吧？"

表现自己虽然说是人的共同心理，但也要注意尺度与分寸。如果只是一味热衷于表现自己，轻视他人，对他人不屑一顾，这样很容易给人造成自吹自擂的不良印象。

总而言之，一个人在与别人相处和交往的时候，要多注意别人的心理感受。只有抓住了别人的心理，才能真正赢得别人的赞赏与好感。如果你只知道表现自己，抢风头而不给别人表现的机会，你就会遭到别人的怨恨，使自己陷入尴尬的境地。

表现自己不是件坏事，因为人人都有表现自己的愿望。但是我们一定要注意场合，该收敛的时候收敛，该展现的时候再展现。

你不可以一如既往的偏执

看过电视剧《渴望》的人们可能还对其中王亚茹这一角色记忆犹新。剧中的她几乎是观众一致公认的“最没人情味”的人，这个人自负清高、傲慢不逊、冷漠无情、孤僻多疑、不苟言笑、不善交际、生性嫉妒、执拗刻板。她与慧芳、小芳、月娟、刘大妈等人势如水火；对自己的父母及弟弟也常常冷面寒霜；对待恋人罗冈更是到了不近情理的地步；就连唯一与她走得近一些的老同学田莉，也因为受不了她那古怪的脾气而几次不想再去管她。她说话做事全凭个人意愿，我行我素、随心所欲，根本不考虑别人的感受，这几乎让她成了“全民公敌”。王亚茹所表现出的行为模式用现在的话来说，就是偏执型人格，亦称偏执症。

偏执型人格又叫妄想型人格，指以极其顽固地固执己见为典型特征的一类病态人格。持这种人格的人：

自负很盛，自我评价过高，常常固执己见，独断专行，因此免不了和别人经常发生矛盾、争辩，但他们从不肯承认自己的错误，在事实面前仍强词夺理或推诿于客观；

往往喜欢嫉妒，喜欢鸡蛋里挑骨头，不大愿意承认别人的成绩；

听不得不同意见，不理解别人的良苦用心，随心所欲、我行我素，独断专行、妄自尊大，不懂得尊重别人；

不能正确、客观地分析形势，有问题易从个人感情出发，主观片面性大；

总是将周围环境中与己无关的现象或事件联想到自己身上，觉得是冲着他来的，甚至还将报刊、广播、电视中的内容与自己对号入座。尽管这种多疑与客观事实不符，与生活实际严重脱离，但即使他人反复解释，也无法改变他们的想法。

持这种人格的人在家不能和睦，在外不能与朋友、同事融洽相处，严重者，甚至还会对被怀疑对象产生强烈的冲动及过激的攻击行为，譬如众所周知的马加爵就是典型的人格障碍，他总是偏执于身边的人看不起他，甚至可以把任何事情都与之联系到一起，最终酿成了悲剧。

可见，持有偏执型人格的人，如果不能及时、主动地矫正自己的性格缺陷和心理障碍，则会因环境变化、人际关系紧张、工作生活不顺心，加上激烈的精神刺激等因素，而诱发为精神疾病，甚至对家人和社会造成损害。这样的事例并不鲜见。

然而，很多时候，人们容易将“偏执”误解为固执，其实二者是有很大区别的。“固执”是个性，就是说一个人如果做出了决定，不撞南墙是不回头的，还可以理解；偏执则是心理障碍，就是说即使撞上了南墙，还会拿头继续去撞，在别人看来是不可理喻的。适当的固执，为人平添一份可爱的“原则美”，而偏执往往容易把人生打成死结，伤害自己，也伤害他人。多数比较固执的人，虽然难以改变，但仍然可以沟通和讲道理。而一旦达到偏执的地步，就很难沟通了，因为偏执的人往往会把别人的沟通视为一种攻击，非常容易因此认为别人都对他有敌意。其实，是因为偏执的人往往自己对别人敌意很重。

不过，持有偏执型人格的人智力尚属良好，有的人还能获得杰出成就，其实不少艺术家、哲学家和自然科学家、政治家也是属偏执型人格的。所以，持有这种人格症状的人也不要太过惶恐，要勇于承认自己的人格缺陷，正视它，如果控制、调节的好，非但不会对自己及别人造成伤害，或许还能做出不错的成就。

把猜疑心理淡化到合理范围

猜疑毁坏友谊，多疑的人永远不能成为好朋友。友谊需要整个信任：或全盘信任，或全盘不信任。如果要把关系不断地分析、校准、弥缝、恢复，那么，这种关系只能增加人生的情感苦恼，而绝不能获得情感所产生的力量和帮助。

不久前，郭瑞军被调到集团下属外地企业去做业务经理，他认为这是明升暗降。“为什么要调离我？”他认为肯定有人从中搞鬼，“是上司嫉妒我的才干，怕我有一天抢了他的位置。”郭瑞军为此愤愤不平，他觉得自己受到了排挤。上司总是说他搞不好同事关系，给他安排工作时异议又很多。“我为什么要理那些人呢？”郭瑞军觉得自己从来就没有做错过。

“这口气怎么咽得下去！”郭瑞军向老板投诉，表达自己的不满，诉说自己的委屈，“我要让他吃不了兜着走！”郭瑞军恨恨地想。女朋友劝他不要这样做，他不听，她说他心理不正常，郭瑞军一下子火了：“我有什么问题，我看是你变心了！”这时他恍然想起，每次女朋友去单位，与那位上司之间好像都在眉来眼去。“对，他们一定是早商量好的，将我调走，这样他们就有更多的时间勾搭在一起了！我和他们没完！”事实上，每位与郭瑞军交往的女孩子都曾被他怀疑过，不是怀疑人家不忠，就是怀疑人家另有目的，所以即便郭瑞军长相不错，工作也不错，但直到30多岁的年龄，还没有一个女孩子能够与之达到谈婚论嫁的程度。

郭瑞军这种状态已经持续很久了，那还是他上高中的时候，虽然成绩很好，但人缘却非常差。为什么呢？因为郭瑞军总是觉得自己胜人一筹，又觉得别人都在嫉妒自己的才能。他觉得别人看自己的眼光都是异样的。同学们受不了他，疏远他，他更认定自己的猜想是正确的。他还爱顶撞老师，因为觉得老师有很多观点都是错误的，反而却来批评自己，他甚至认为老师都在嫉妒自己。

这么多年，郭瑞军也没有一个真正长久的朋友，别人在与其短暂接触以后，都唯恐避之不及，郭瑞军也从不主动去与别人交往，他更乐于独处，那样似乎更安全。他怀疑一切，认为一切都隐藏着阴谋或者灰色地带。现在，他更是认为自己被人玩弄了，他恨这一切，同时他又认为：这是天妒英才。

心思中的猜疑有如鸟中的蝙蝠，他们永远飞在黄昏里。

猜疑是毫无根据的对一些自己并未完全了解的事情进行各种设想、猜测、主观加工，并对自己的“内心假定”信以为真。为什么会有猜疑心理呢？可以说，这也是人的一种本能。人类为了生存要抵制来自各方面的威胁，猜疑是人类为保护自己而做出的本能防御，从这个层面上讲，每个人都有可能在某些时候产生猜疑心理，如果程度较轻，现实感和自我功能都很好，就不会对生活造成很大的影响……然而，猜疑过度就是不自信、自卑的表现了，是防御心理的过度。这样的猜疑往往是对自己不利的、消极的。

郭瑞军的猜疑心理显然已经影响到了生活。他敏感多疑，对任何人都有很重的猜疑心，经常感到自己受到了别人的嫉妒、陷害与攻击。从郭瑞军与前任、现任女友的关系中也不难发现，他这个人虽然在一些方面也不失为强者，但总会无端自卑。

一个人过分多疑，是非常不利于人际交往的，因为多疑，就会听不进别人的任何意见，就会使别人感到自己难以接近。因为多疑，即使自己的意见是正确的，也会使别人在情感上难以接受，就有可能产生反面效果。所以务必要改掉这个毛病，要谦和、平心静气地表达自己的观点，要积极地去倾听、思考别人的意见，这对自己总是有帮助的。不要总认为自己比别人都强，一山还有一山高这是事实。不要整天疑神疑鬼，不要觉得别人都是阴谋家，怎么可能所有人都针对你？

如果我们能用豁达、宽容的态度对待别人，相信别人也会这样对待我们。

其实，这个世界更多的还是好人，很多人都是可以信赖的，不应该对所有人心存怀疑，否则就会失去所有人的信任，就会彻底毁掉自己的吸引力。

就算有抱怨也要藏在心里

我们总是抱怨生活错待了自己，所以对生活怀有很大的怨气。这些怨气发泄出来的时候，又会牵连到我们身边的人，于是很多无缘无故的争吵，破坏了我们生活的和谐。

小张大学毕业以后，进入一家公司的策划部门工作，连主管在内，策划部一共 5 个人。因为小张文笔好，很快受到经理的重视，公司的一些活动方案都交给小张起草。一般情况下，小张起草的活动方案，主管稍加改动，就会直接报给公司最高层，大多数都能通过审核付诸实施，但有时也会因某些公司领导的想法突然改变，重新进行调整。

有一次，公司要开展一次送温暖下基层的活动，起草方案的活儿自然落在小张头上。小张先与对方进行了联系沟通，详细地了解当地的情况和对方的需求，然后再根据公司的具体情况，很快起草完成整个活动的方案。方案送上去后，得到了公司高层领导的好评，说不愧是一份既详细周到，又节约实用的好方案。小张为此暗自得意了很多天。

可是，就在这次活动启程的头天夜里，小张已经睡下了，朦胧中手机铃声响了起来，是公司秘书小雯打来的。她告诉小张，公司领导临时改变决定，那份活动方案需要修改，要小张马上回公司。小张一看，已经是凌晨2点多了。“哪有这样折腾人的！”小张十万个不愿意，但又不得不拿起外套往公司赶，心里直抱怨公司的领导怎么会如此朝令夕改，并且完全不顾及员工的感受，还说什么以人为本。到了公司一看，主管也在。虽然很快完成了方案的修改，但大家都觉察出了小张的不满情绪。

也不知道为什么，自从这件事后，小张的心理发生了一些变化，他的抱怨开始多了起来，一点小事都会斤斤计较，慢慢地，抱怨的情绪逐渐占据了小张的内心。久而久之，同事们开始对小张产生了意见，慢慢地疏远了他。公司领导也不再让他承担主要工作，而是叫他配合其他同事。

抱怨非但不能解决问题，反而还会让问题变得更加难以解决。小张的抱怨不仅降低了自己好不容易建立起来的印象分，对他的前途更是致命的打击。所以说，一味地抱怨对人们毫无益处，不会产生任何积极的力量，它只会让人们对生活愈加不满，从而失去生活的信心。同时，无休止的抱怨还会让周围的人对你产生不满，久而久之，好印象尽失，吸引力消失殆尽。

别拿自己过分地当回事

有人感叹说："人啊，别拿自己不当人，也别拿自己太当人。"乍听起来，似乎不通，但细细琢磨，大有深意。不拿自己当人，是严重的自卑；拿自己太当人，则是典型的自负。前者自轻自贱、妄自菲薄、自我否定，好像生来就不如人，时时不如人，处处不如人。后者妄自尊大、目空一切、自我膨胀，好像生来就高人一等，无人可比。后者很明显是属于虚荣心过强的一类人。

这类人在虚荣心的促使下，失去了对自我的客观评价，他们觉得这个世界上"唯我最大"，"舍我其谁"，一副不知天高地厚的样子，说大话，吹大牛，以示自己是多么的与众不同和出类拔萃。

有一只黑雁从小生长在雁群中，但是后来它觉得自己和其他伙伴越来越格格不入了。随着黑雁不断长大，它的身躯变得比一般的伙伴都要庞大，而且它是一身黑色，这样看来，它简直就是这个群体中的异类了。

同伴们并没有因为它的与众不同而排挤它，但是它却开始瞧不起自己的同伴了。

"它们一个个那么瘦小，真是可悲，而且颜色还那么难看，哪有我这种黑色高贵！哦！生活在这样一个家庭里真是太不幸了，我本来应该和黑色的乌鸦生活在一起的……”

黑雁觉得乌鸦的生活很有情调，就像一位高贵的黑衣妇人，可以整天什么都不干，闲的时候还可以唱唱歌。于是，黑雁一心一意想要搬去和乌鸦同住。可是，乌鸦发现黑雁长得和自己不一样，而且声音也不一样，因此不想让它和自己一起住。

乌鸦带着厌恶的口气说：“难道你不知道吗？你和我根本就不是同一类，你再怎么高贵也只是一只大雁，我不会喜欢你的……”

吃了闭门羹的黑雁无可奈何地只好回头去找它原来的伙伴。

“你不是看不起我们吗？和我们在一起会给你丢脸的，你还是走吧，这里没有人欢迎你！”

于是黑雁只好孤单地离开了雁群，在天空中发出凄凉的叫声。

生活中，类似黑雁的“拿自己太当人”的人还真不少。有的人刚当上个小小的什么官，就仿佛做了皇帝；有的人刚发了一点小财，就仿佛成了亿万富翁；有的人刚有了点小名气，就以为“老子天下第一”。这种人妄自尊大、目空一切、自我膨胀，好像生来就高人一等，无人可比。

如果一个人太把自己当人，也就是太自负了，就容易陷入一种莫名其妙的自我陶醉之中，变得不切实际地自高自大起来。他无视所有人对他的不满和提醒，终日沉浸在自我满足之中，对一切功名利禄都要捷足先登，这样的人得到的永远都是大家对他的不屑和蔑视，众叛亲离就是对他们最直接的惩罚。所以，请永远清楚地认识你自己，别拿自己太当回事，否则你会处处遭到别人的排斥。

放下架子才是真正有身价

有些人很爱摆架子，尤其是那些有点权势和地位的人，总是念念不忘自己的“身份”，常常放不下架子，总好摆谱，以为那样能显示自己的“身价”与“威风”，结果摆来摆去，反倒让人感到是一种虚伪和浅薄。

从一定意义上讲，放下架子，就是自己解放自己，就能放下包袱，轻装前进。一个人真正放下了架子，就会真正正视现实，在人生道路上就能多几分清醒，就能带来缘分，带来机遇，带来吸引力！

一天，原在某公司担任部门经理的新锐人才冷清明，因为和公司副总发生了一点口角，突然辞职了。肖总得知他被一家酒店聘了过去，决定亲自出马，找他回来。副总不同意，觉得这样做太“跌份”了，肖总却坚持要去。

肖总来到那家酒店，前老板来喝酒，这使刚辞职的冷清明深感意外，但他想躲已经来不及了，只好笑脸相迎，请肖总喝酒，他在一旁陪着。

两个人细饮慢说，肖总笑容可掬，情绪不错。他与这位前部属闲扯起过去创业过关斩将的往事，讲得眉飞色舞。随后，才谈到冷清明的近况，他兴致勃勃地问：“很好吧？是不是干得很顺手？”冷清明当然要把其现状好好描绘一番：很受老板的赏识，当上经理以后，手下协作也不错，初步估算，在年内可以赢利 50 万。肖总淡然一笑，说：“五十万吗？我认为太少了。”“就这么个小小的酒店，一年赚这么多已经很不错了……”冷清明小声地辩解道。

肖总一本正经地说：“照我看，你的才能一年应该赚几百万，你太不自信了，在这个小地方藏不下你这条蛟龙，所以我看你在这儿是大材小用啊！还是回去跟我干，怎么样？”

冷清明感到非常意外：“肖总，您不是开玩笑吧？我刚出来，您还要我回去……”肖总慢悠悠地说：“我想问题和做事情向来都是认真的。至于你和副总的不愉快，我都知道了，他也很后悔，正盼着你能回去呢！”

冷清明为难地苦笑：“我连公司的房子都退了，回去还有位置么？”

肖总道：“你错了，我们公司的一贯做法是人走了房子留给他，你在小酒店里太屈才，所以留下这句话：你愿不愿来，我都等着你。”

冷清明决定回去，但他的朋友却对他说：“一会让你走，一会儿让你回去，你就那么好使唤吗？你怎么也得摆摆架子啊！”冷清明摇了摇头：“我不这样认为，回去确实有发展，这时候不能摆架子！”

冷清明果然返回公司，一年后，经过东拼西杀，为公司获利几百万，自己也成为公司的一位副总。

在这件事情中，如果肖总摆起领导架子，那自然就不会去找一名辞了职的员工，这样一来，他就失去了一名人才。人才流失就是财富流失，为了摆架子而失去财富就有点太不值了。而冷清明如果像他朋友所说的那样端起架子，那他就是拒绝机会，所以好摆架子实在不是聪明人做的事。

放下架子，是一种姿态，是一种心态，是一种气度，更是一种智慧。为了打造更强大的吸引力，我们最好放下架子——不仅是有形的，更要放下无形的。

抹掉性格的不可爱

——培养一整套人见人爱的社交家性格

有句话叫“笑脸赢人脉”，一个人性格的好与坏，在很大程度上对人际关系起了决定性的作用。性格不好的人，总是让人觉得不成熟、难相处，因而很难融入别人的圈子中，别人在心理上也很难接纳他。如果此时还不知道修正性格，只会越成长越孤独。

不是每种个性都可以张扬

时下的种种媒体，包括图书、杂志、电视等都在宣扬个性的重要性。

我们可以看到许多名人都有非常突出的个性：爱因斯坦在日常生活中非常不拘小节，巴顿将军性格极其粗暴，画家凡·高是一个缺少理性、充满了艺术妄想的人。

名人因为有突出的成就，所以他们许多怪异的行为往往被社会广为宣传。这使得有些人产生了这样的错觉：怪异的行为正是名人和天才人物的标志，是其成功的秘诀。我们只要分析一下，就会发现这种想法是十分荒谬的。

名人确实有突出的个性，但他们的这种个性往往表现在创作的才华和能力之中。正是他们的成就和才华，使他们特殊的个性得到了社会的肯定。如果是一般的人，一个没有多少本领的人，他们的那些特殊的行为可能只会得到别人的嘲笑。

那么为什么有些人那么喜欢谈个性，那么喜欢张扬个性呢？我们先探讨一下他们所张扬的个性的具体内容是什么。

他们张扬的个性有相当一部分是一种习气，是一种希望自己能任性地为所欲为的愿望。人有许多情绪，他们希望畅快地发泄自己的情绪。他们不希望把自己的行为束缚在复杂的条条框框中，所以从某种程度上说，人都是喜欢张扬个性的。

显而易见，张扬个性肯定要比压抑个性舒服。但是，如果张扬个性仅仅是一种任性，仅仅是一种意气用事，甚至是对自己的缺陷和陋习的一种放纵的话，那么，这样的张扬个性对个人的前途肯定是没有好处的。

很多人都喜欢引用但丁的一句名言："走自己的路，让别人去说吧！"但作为一个社会中的人，你真的能这么"洒脱"吗？比如你走在公路上，如果仅仅走自己的路而不注意交通规则的话，警察就会来干涉你，会罚你的款。如果你走路时不注意安全，横冲直撞的话，还有可能出车祸。所以"走自己的路，让别人去说吧"这种态度在现实生活中是行不通的。社会是一个由无数个体组成的群体，每个人的生存空间并不是很大。所以，当你想伸展四肢舒服一下的时候，必须注意不要碰到别人。当你张扬个性的时候，必须考虑到你张扬的是什么，必须注意到别人的接受程度。如果你的这种个性是一种非常明显的缺点，你最好还是把它改掉，而不是去张扬它。

我们必须注意：不要使张扬个性成为你纵容自己缺点的一种漂亮的借口。社会需要人们创造价值，社会首先关注的是人们的工作品质是否有利于创造价值。个性也不例外，只有当你的个性有利于创造价值，是一种生产型的个性，你的个性才能被社会接受。

巴顿将军性格粗暴，他之所以能被周围的人接受，原因是他是一个优秀的将军，他能打仗，否则他也会因为性格的粗暴而遭到社会的排斥。

所以，你应该明白：社会需要的是生产型的个性，只有你的个性能融合到创造性的才华和能力之中，你的个性才能够被社会接受，如果你的个性没有表现为一种才能，而只是仅仅表现为一种脾气，它往往只能给你带来不好的结果。

唯我独尊必然招来排斥

人们可以容忍很多，但不会容忍自大。这个世界缺了谁都会照样精彩，这个地球没了谁也不会停止转动。不管你的事业多么成功，不管你把事务处理得多么井井有条、服服帖帖，都不要过高地估量了自己的位置。所以不管未来会经历什么，还是让我们怀着一颗谦卑的心，要知道这个世界不支持唯我独尊的思想，如果你一味地相信自己的强大，那么总有一天你会在自我陶醉中体味到跌落谷底的痛苦。

面对人生，谦卑是福，只有懂得谦卑的人，才能在这个世界上不断前进，不断地寻找到属于自己的人生价值。因为我们知道，自己的思想不是什么时候都正确，有些时候过分的自信是一种自负，它总是会把我们引向偏离正确轨道的另一个世界。

爱迪生说："有许多事我以为是对的，但是实验之后，我却错了，因此无论对任何事我都没有一种很自信的判定，如果某事临时让我觉得不对，我便可以马上抛弃。"一个人要具有随时能改变自己错误判断的勇气，这样才能使自己少犯错误。

所以不要说太过自信的话，这是一条很好的交际原则。假如你能坚持这一条原则，即使将来发现你曾经说过的话有错误时，也不必收回。你应该知道：你所表达的意思或信仰，毕竟还只是你个人的意见和信仰而已，而他人也还保留着他自己的意见与信仰，并且拥有取舍的权利。做到这一点，他人自然不会盯着你的错误不放，而你也不用为自己的面子而坚持错下去，这样一来，自然就避免了陷入唯我独尊的尴尬境地。

如果你的意见所依据的证据越不牢靠，就越容易导致武断和自以为是。过度的肯定，无非是想遮掩对自己意见的些许疑惑。假如你能够摆脱这种想法，就会养成"我和别人是平等的，我不应该用命令式而应该用协商式去和别人相处"的好习惯。

一位著名的心理学家曾经说过，男人和女人都不过是长大的小孩儿。生理年龄无论有多大，也不可能事事都处理得娴熟自如，大人也会犯和小孩儿同样的错误。因此，人们在有些交际场合中，无意的失误是常有的事。有时不妨"有意破坏"一下自己的形象，拿自己开个玩笑，或"揭自己的短"，或许反而能够得到别人的喜爱，同时，还可以调节一下气氛，让别人觉得你平易近人。

在日常生活中，我们如果抛弃了唯我独尊，会得到意想不到的好处，而凡事逞强好胜的人，则往往不会受到欢迎。那些姿态高的"强人"们往往由于缺少人情味而让人们敬而远之，正所谓"人外有人，天外有天"，谁也不可能一直是常胜将军。自负的人习惯沉浸于虚无的胜利幻想中，他们往往因为一次的成功就自我满足，眼前闪现的永远是早已逝去的鲜花与掌声。他们把别人给予他们的荣誉看作是理所当然，不能静下心来想一想自己做了些什么，收获了什么。总认为曾经的成功能长久，总认为他人一直会甘拜下风。因此，他们自视清高、目中无人，更有甚者非但自己不思进取，还伺机嘲讽别人的努力，最终会因无法承受长期形成的心理压力，导致心理的扭曲。

唯我独尊的人往往把自己看得很重，在他们的视野内，没有人可以与自己相提并论。不可否认，在此其中很多人确实有才华、有能力，但是他们目空一切、自得自满，于是不求进步，最终导致了人生的失败。可以说，恃才傲物是他们的显著特征，他们孤芳自赏，不愿与人交流，故步自封，最后难免导致悲剧性结局。

当今时代的竞争就是性格的竞争，具有唯我独尊性格的人即使才华满腹，如不知克服性格缺点的话，也很难成功。我们只有坚定地采取谦卑的态度去经营自己的生活，经营自己的人生，才能搬开前进道路上由自己设置的那颗过于“自我”的绊脚石，才能更和谐地和大家相处在一起，才能真正拥有属于自己的那份从容和幸福。

你必须让自己足够合群

没有人可以伟大到不需要朋友，得不到友谊的人将是终身可怜的孤独者，没有友情的世界只会是一片荒芜的沙漠。

人毕竟是社会性动物，人的衣食住行以及生命的价值都来自于社会及个人所处的群体中，只有在这个社会、在人群中如鱼得水左右逢源，才能延伸自己的事业线。如果不重视交往，忽视人脉积累，必然会四处碰壁，撞得头破血流。

鲁峰是个时尚的年轻人，喜欢重金属音乐，又有点小资情调。毕业后，他进入一家日化公司从事销售工作，凭着机智和良好的口才，他的销售成绩相当不错。可是鲁峰却觉得有点孤独，他觉得同事不是老古板就是没内涵，因此他在公司里几乎没有什么朋友，下班了就约上自己的死党去泡吧。公司有集体活动鲁峰也很少参加，同事拉他去唱 KTV，他说他对口水歌不感兴趣，公司举办舞会，他说那是群魔乱舞，自己可不想被体重超标的女同事踩痛脚趾……总之，公司的活动他是能躲就躲，去了也只是意兴阑珊地待一会儿赶快走。同事们都生气地说："看来是我们格调太低，不配和人家来往。"领导对他也颇有微词。一年后，同他一起进公司的人，除了他和几个业绩太差的，普遍都获得了提升，他愤愤不平地去找领导，质问他为什么对自己另眼相待。领导淡淡地看了他一眼："这要问你自己吧！你真的把自己当成公司的一员吗？在公司里你有关系不错的同事吗？人缘这么差，即使我提升了你，谁又肯听你的？"鲁峰根本无法回答领导的问题，灰溜溜地走了。

公司就是一个大的社交圈子，鲁峰不懂得搞好公司内部的人际关系，缺乏团队精神，结果成了公司的特殊分子，只能做最基层的工作，无法获得提升。这也是生活中很多人都存在的问题，他们不屑于加入公司内的交往圈子，结果他们在公司内的人缘越来越差，自己逐渐被孤立，提升就更无从谈起了。

由此可见，一个人想取得事业上的成功，首先就要在所处的人际网络中获得青睐，成为既有才能又有人缘的人才，否则，你的上升运势就会直线下降，有时就算别人想帮你，但你人际关系太差，别人也扶不起你。

刘文的舅舅是某公司的总经理，舅舅觉得刘文是个人才，好好磨炼一下，将来可以在事业上给自己帮忙，于是刘文就参加了公司的招聘，并以优异的成绩进入了公司。为了让刘文接受锻炼，舅舅特意嘱咐他隐瞒两人的亲属关系，好好工作。上班之后，刘文觉得舅舅的公司存在很多问题，在他眼里相当一部分员工，包括他的顶头上司都是不称职的，再加上认为自己身份特殊，因此他当起了“独行侠”，很少和同事来往。上班近三个月，在公司里，他竟然没有一个比较说的来的同事。不仅如此，他那骄傲狂妄的态度还着实惹恼了不少人。刘文舅舅对刘文的工作成绩还算满意，但还想知道刘文在其他方面表现如何。一次路过员工休息室时，无意中听到了员工对刘文的评价：“哎，你们说刘文那小子像什么？像不像开屏的孔雀？”“什么？孔雀？太抬举他了吧！我看倒像茅坑里的石头——又臭又硬！”“看他一副狂妄的样子！他有什么了不起的啊！幸亏他只是个小职员，他要是经理，尾巴还不翘天上去啊！”“他要是经理啊，我看一半员工都得辞职……”舅舅大吃一惊，他没想到刘文的人缘竟这么差，他又找来了刘文的部门主管，故作不经意之态地提起刘文，结果部门主管说：“他的能力是有的，但在处理人际关系方面有很大问题。老实说，我是领导，不希望手下有这种员工，他已经给我的部门的团结带来了危害。我正想跟人事部门打招呼呢！”第二天，刘文离开了公司，临走前舅舅送了他一句话：进入了一个圈子，你就得适应这个圈子的氛围，不要以为自己了不起，看不起别人，如果你想保住自己的位子，就得适应这个圈子。

一个人缘极差的人真的是无法在这个社会上好好生存的，试想在人人排斥、人人讨厌的情况下，他能把什么事情做好？所以哪怕只是为了自己能够活得更好一点，我们都应该好好培养自己的人际关系，想办法与众人增进感情，真正融入一个圈子中去。

当你真正适应一个圈子的氛围时，自然而然便会获得友谊。一旦你们建立起友谊，变得亲密时，要特别注意乘胜追击，务必使自己的人际关系逐渐拓展。这无疑能增加你成功的筹码。

目下无尘就会身旁无人

有的人个性非常刚直，绝不愿意随顺自己觉得不满的事情，而且也看不起那些委曲求全之人，觉得这是没有原则、没有骨气的表现，甚至会认为社会风气之所以如此败坏，就是拜这些人所赐。其实，在我们为人处世的过程中，自命清高是不利于人际关系发展的，人际关系处不好，就算心中拥有再大的宏图伟业、个人拥有再强的能力，也无济于事。古人常讲“天时、地利、人和”，没有人和，还能做好什么呢？

下岗的事想必我们听了不少，但大多是没什么文化、素质不怎么高的人，不然怎么会让这些人去参加培训、学习什么的，好帮助他们再就业。但是博士下岗应该说是件稀奇事吧？

这位博士叫郭品正，出身于浙江省温岭市一个家境贫寒的农民家庭，1996 年 8 月取得医科大学博士学位。据说，他是浙江省第一位也是至今唯一一位脑外科博士。

辞退这名博士的是浙江医科大学附属邵逸夫医院。“这很正常”，院长坦率地说，“其实我跟他个人无恩无怨，国家培养一个博士生不容易，如果他好好工作，我们根本没问题。然而郭品正在的时候令组合不优化，几乎把整个科室都拖垮了。”

医院人事部门曾分别找了科室的每一个成员了解情况，“当时大家就提出了多项问题”，郭品正不仅自己不好好工作，还弄得整个科室“医疗纠纷不断，医生不敢开刀，前来就诊的病人少，科内团结差，”等等等等。不过大家还算比较公正，没有把责任全推到博士身上，只是说“造成这一局面，郭品正负有主要责任”。

郭品正为什么如此令人讨厌呢？举一个小例子吧，“当脑外科主任动员全科室医生使用某种抗生素药，当时这种药在科内简直疯了，其中有人一个月就拿了5000元。”郭品正反对这样做并向医院党委做了汇报。

博士何以下岗，仅从这一小事让我们似乎就可以明白一二了。郭品正是脑外科博士，不懂“脑外科”的事，指手画脚，管了不该管的事，说了不该说的话，有这样的博士，科室的组合怎么会优化？科内又怎么能团结好？这样的博士要你何用？你不下岗谁下岗？事到如今，郭品正服气了，知道自己错在哪，但是晚了。他说：“我是一个从学校到学校的人，心思都用在学习和业务上了，对请客送礼这一套一窍不通。”而且，“父母亲都是六十多岁的农民”。

中国有句古训，“书中自有千钟粟，书中自有黄金屋，书中自有颜如玉。”然而，郭品正寒窗一二十年，他没有千钟粟，连饭碗都砸了。做人有时候需要隐忍，看到你不服气的事情，在你能力范围以外的，不要去改变。

你必须清楚地认识到一点，掌握人情世故，不是要你去刻意奉迎、溜须拍马。现如今，你已不再是那个“充耳不闻窗外事，一心只读圣贤书”的学生了。从你进入社会的那天起，你就注定要与人相处，这种情况下，你根本不可能置身世外，完完全全地做你自己。

这么说吧，如果你是一个自命清高的人，如果你认为你已经看透了人生，如果你也许对生活产生了出家人那种：“跳出三界外，不在五行中”的想法，那么你却不知道生活早已抛弃了你。因为，你已经不适应生活，生活也不再需要你。你以为自己很高尚，其实并不是，相反，这只是一种逃避生活的懦弱表现。自命清高的人本身就和生活中的现实是别具一格的，说具体点，是和现实生活格格不入的。生活需要朝气蓬勃，生活需要形形色色的人们来衬托。如果你不适应这种生活，说明你已经脱离了生活，脱离了人类，所以生活也将抛弃你。

来看一下这则故事吧：

有一位无际禅师经常云游四方，有一天他来到了一个小山村。

这时正是中午时分，天气炎热，禅师看到河边有一个村民正在用水车打水，就上前去向他讨水喝。

这个村民见无际禅师是个出家人，就说：“禅师，假如有一天我也看破了红尘，我就会和您一样出家修行。不过，我出家以后，不会像你这样四处云游，居无定所。我会找一个地方隐居起来，专心参禅打坐，不再抛头露面。”

无际禅师微微一笑，问道：“那么你什么时候才会看破红尘呢？”

村民说：“我虽然一直有出家悟道的想法，但遗憾的是，我们这一带只有我最了解水车的性质，而全村的人都以此为主要水源。如果我能找到人来接替我的位置，那我就可以无牵无挂地出家了。”

无际禅师道："你最了解水车，那我来问你，如果水车全部浸在水里，或者完全离开水面又会如何呢？"

村民答道："水车在水里是要靠下半部被水流冲击而转动的原理来工作的，如果把水车全浸在水里，它不但无法转动，而且还有可能会被急流冲走。同样，如果水车完全离开水面也是不能转动的，更别说要靠它抽上水来了。"

无际禅师点点头，说："水车与水流的关系，其实和个人与世间的关系是一样的。如果一个人完全入世，纵身江湖，难免会被尘世的洪流所冲走。假如超然出世，与世隔绝，则人生就会失去强大的动力。同样，一个修道之人，也要出入得宜，既不冷眼旁观，也不随波逐流。因此，出家既要看破红尘，更要想法普度众生。"

村民听了无际禅师的话，久久地愣在那里，若有所悟。

禅师的话是很有道理的，不仅应用于出家修道之人，也可以应用在我们这些凡夫俗子身上。

一个人若是太清高，目下无尘，就像那离开水面的水车一样，得不到别人的支持和拥护，甚至还会四处树敌。这样别说是改变世界，就是改变某个人都不容易，有什么样的伟大抱负也都只能作纸上谈兵，因为没有人来支持你实施计划，甚至还会打压你。

当然，一个人若是太随波逐流，没有自己的主张和原则，那就像完全浸在水中的水车一样，表面上是随顺众生，但实际上却很容易被那些不良的东西给污染，甚至被席卷进浊流，而完全抹杀了自己的意愿。

因此说，要想打破这个局，你首先不能自命清高，既要保留自己的原则和个性，又要懂得随机应变、灵活变通，在水流的冲击下忍耐、坚持，只有这样才能汲水上岸，拥有雄厚的吸引力，成就一番事业。

斤斤计较，人缘好不了

在现代社会，缺少人脉的人不管做什么事都难以成功，而很多人之所以缺少人脉，主要就在于他们心胸狭隘，做事时太过斤斤计较，以至于别人不愿与其交往。

黄飞刚到公司的时候，对待工作积极认真，勤勤恳恳，同事们有事要他帮忙，他总是乐呵呵地一口答应。在同事们眼里，黄飞是个很不错的小伙子。

然而，随着他在公司地位的稳固，他的心态发生了变化。他认为自己为公司做出了很大的贡献，而自己的工资待遇却没有相应地提高，而且自己经常为同事帮忙，除了得到几句赞美之外，并没有得到什么实际好处，自己实在是太亏了。

带着这样的情绪，黄飞变得斤斤计较起来。在生活中，同事找他帮忙，他都要人家意思意思，嘴里还说："总不能让我白忙吧？"久而久之，同事们即使有事需要帮忙，也不找他了，甚至于一提到黄飞，都会说："他这个人太斤斤计较了……"渐渐地，黄飞感觉到同事们都疏远他了。在工作中，他提不起精神，每天坐在办公室，不是看看报纸就是聊聊天，用他的话说："有什么关系呢？我干得好干得差，工资都不会少我的。"

时间一长，黄飞觉得工作越来越没有意思，自己再也没有想建功立业的追求了，变得越来越颓废。由于黄飞的工作表现实在太糟糕了，在公司又没有人缘，两个月以后，黄飞被公司解雇了。

从无数成功人士的经验中，我们可以看出：要想取得成功，就必须有长远的眼光，不拘泥于小节之中。而那些失败者往往都欠缺这一点，他们目光短浅，过于看重眼前利益，凡事都爱斤斤计较，不肯吃亏，给人留下了难缠的印象，无形之中便影响了人脉的发展，导致事业和生活的失败。

就拿黄飞来说吧，刚开始同事们对他的印象很不错，觉得他是个不错的小伙子，可是到了后来，同事们的看法出现了根本性的变化，觉得黄飞很难缠，因此都自觉地避免和他打交道。为什么会出现这种截然不同的变化呢？原因很简单，就在于黄飞在与同事的交往中，过于看重自己的付出，斤斤计较，不放过属于自己的任何小利益，结果却给人留下心胸狭隘、自私自利的印象。

在现代社会中，人际关系越发显得重要，已经成为成功至关重要的因素之一，拥有良好人际关系的人往往可以较容易地获得成功，而一个被社会所孤立的人怎么可能有好的人际关系，怎么可能取得成功呢？因此，只有改变心胸狭隘的不良性格，才能建立良好的人脉，才能最终取得成功！

良好的性格特征，是人们进行广泛社交活动的必要条件。而心胸狭隘的人在实际生活中，则容易与别人形成隔膜和屏障，在一定程度上阻碍了交朋结友和适应社会。因此，我们在工作生活中应注重自身修养，努力克服不良的性格。

豁达大度会使敌对者折服

俗话说：多一个朋友多一条路，多一个敌人多一堵墙。

我们都知道这句话，也明白这个理。但是，一旦知道别人做了对不起自己的事，仍免不了耿耿于怀。看到这个人时，轻则如陌路相逢，视若无睹；重则似仇人相见，分外眼红。有多少人能不计旧怨与仇人把酒结欢呢？

其实，冤冤相报，未必有什么好处：他损害我在先，我怀恨于心在后，于是便费心费神地盯着他，一心想寻个机会，以牙还牙。

但静下心来想一想，报复之后又得到了什么呢？而为一时意气之争，图片刻之快，又会失去多少本该属于自己的快乐和轻松啊！费尽心机去精谋细划，绞尽脑汁来苦苦算计，最终换来的仅仅是别人的敌视与更深的怨恨，实在划不来了。

倘若是国恨家仇，则非报不可。但在现实生活中，我们很难碰上这种人，平素与我们结怨的，多半是为利益冲突而起，或是为意气之争。为小利而结仇，可能损大利；为一时意气而结仇，可能惹大祸，都是得不偿失的事。在不违反做人原则的前提下，以德报怨不失为一种高明的处世之道：即使他与我们曾有过节，我们也应尽力做到不计前嫌；他大红大紫春风满面时，我们不妨去锦上添花；他落魄困窘、山穷水尽时，我们不妨雪中送炭，用我们真挚的热情，融化冰封的情感，脱去彼此面容上冷漠的伪装；用我们的大度与宽容，擦去恩怨的污浊，让纯洁的灵魂更加透明。

这样，我们就无须绞尽脑汁劳心伤神算计别人，也不需紧绷神经，警惕一切动静，防人算计；我们可以不再担心自己得胜之时无人喝彩，也不用害怕陷入危难之际孤立无援。这样处世岂不堂堂正正？这样做人岂不轻轻松松？

林肯当选为美国总统后，他对政敌的态度引起了一位官员的不满。这位官员批评林肯说："你为什么试图跟那些敌人做朋友？你应该想办法去打击他们，去消灭他们才对。"林肯平静而温和地说："难道我不是在消灭我的敌人吗？当他们变成我的朋友时，就没有敌人存在了。"

面对"敌人"，大多数人的看法是毫不留情地把他消灭掉，因为对敌人的仁慈，就是对自己的残忍。这话听起来很有道理。但事实并非绝对如此，正如一位哲人所说的："我们的成功，也是我们的竞争对手造成的。"所以在一定的情况下要像林肯那样，用宽容的眼光去对待"敌人"，用宽容来"消灭"他。

在怎样消灭敌人这件事情上，还有一个人的做法与林肯较为相似，这个人就是拿破仑。

拿破仑对面前的任何障碍都狂怒异常，对待任何胆敢抗拒他的意志的人都严厉无情，可当他获胜时这种态度就全然改变了。他对败军极为仁慈，他真诚地怜悯他们。他经常对手下的人说："一个将领在打了败仗那天是多么可怜！"

以下是一则拿破仑宽容敌人的故事：

有两名英军将领从凡尔登战俘营逃出，来到布伦。因为身无分文，只好在布伦停留了数日。这时布伦港对各种船只看管甚严，他们简直没有乘船逃脱的希望。

对家乡的热爱和对自由的渴望，促使这两名俘虏想了一个大胆而冒险的办法，他们用小块木板制成一只小船，准备用这只随时都可能散架的小船横渡英吉利海峡，这实际上是一次冒险的航行。当他们在海岸上看到一艘英国快艇，便迅速推出小船，竭力追赶。但他们离岸没多久，就被法军抓获。

这一消息传遍整个军营，大家都在谈论这两名英国人的非凡勇气。拿破仑获悉后，极感兴趣，命人将这两名英军将领和那只小船一起带到他面前。他对于这么大胆的计划竟用这么脆弱的工具去执行感到非常惊异，他问道："你们真的想用这个渡海吗？""是的，陛下。如果您不信，放我们走，您将看到我们是怎么离开的。"

"我放你们走，你们是勇敢而大胆的人。无论在哪里，我见到有勇气的人就钦佩。但是你们不应用性命去冒险。你们已经获释，而且，我们还要把你们送上英国船。你们回到伦敦，要告诉别人我如何敬重勇敢的人，哪怕他们是我的敌人。"

拿破仑赏给这两个英军将领一些金币，放他们回国了。

许多在场的人都被拿破仑的宽宏大量惊呆了。只有拿破仑知道，他的士兵们将从这番话中受到怎样的鼓舞，他的人民将如何赞扬他的宽容无私。他似乎已经听到了士兵们震天的呼声以及巴黎激动的口号。哲学家卡莱尔说："伟人往往是从对待别人的失败中显示其伟大的。"用豁达宽容的性格去对待你的"敌人"，这样就会表现出你的与众不同之处，也正因为你闪光的人性，使你能得到别人的信任和敌人的佩服，这样你就既赢得了他们的心，也取得了最高层次的胜利。

摒弃性格中的傲慢与偏见

孟德斯鸠说：人生而平等，根本没有高低贵贱之分。我们没有权力借后天的给予对别人颐指气使，也没有理由为后天的际遇而自怨自艾，在人之上，要视别人为人；在人之下，要视自己为人。这是做人的一种基本姿态，也是为人的原则。

因此，在任何时候，我们都应该摒弃对他人的狭隘与偏见，平等地待人。

玫琳·凯是美国著名的管理专家，在她成名之前曾是一家化妆品公司的推销员。

有一次，她参加了一整天的销售练习，很渴望能和销售经理握握手，因为那位经理刚刚作了一篇十分鼓舞人们士气的演讲。玫琳整整排了3个小时的队，好不容易才轮到她和那位经理见面。但遗憾的是，那位经理根本没有拿正眼看她，只是从她的肩膀上方望过去，看看队伍还有多长，甚至根本没有察觉他要与玫琳·凯握手。玫琳·凯等了3个小时，就获得了这样的一个接待！她觉得人格上受到了侮辱，自尊受到了伤害。于是她立志做一个经理："如果有一天人们排队来和我握手，我将给每一个来到我面前的人全然的注意——不管我当时多么疲劳！"

后来，玫琳·凯的愿望真的成为现实。以她自己名字命名的化妆品公司终于成为一家具有相当规模的大企业，也有很多她的慕名者来找她握手，她确实始终坚持她以前曾发过的誓言。她说："我有很多次站在长长的队伍前，与各种人士作长达数小时的握手，一旦感觉疲劳了，我总是想起自己从前排队和那位经理握手的情形，一想起他不正眼瞧我给我带来的伤害，我立即打起精神，直视握手者的眼睛，尽可能地说些比较亲近的话……"

在人之上，要视别人为人；在人之下，要视自己为人。这不仅是一个心态的问题，也是一个道德问题。其实，一个人对另一个人的态度在现实生活中的重要性是不言而喻的。

一天晚上，闲着无事的艾森豪威尔在营帐外散步。他看见一个士兵正在营帐背后黯然神伤，便走了过去，"嗨，看来我们是同病相怜啊，我的心情也特别不好，我们可以一起走走吗？"士兵看到艾森豪威尔的突然出现，原本很紧张，可万没想到这位尊敬的将军竟在他最需要朋友倾诉的时候会来邀他散步。自然他感到万分荣幸，他们的谈话也很放松。用这位士兵的话说："那天晚上他不再是指挥千军万马的将军，我也不再是默默无闻的小兵，我们是无所不谈的朋友。"正是那次谈话，使这个一向都很悲观的士兵乐观了起来，在以后的战斗中显示了出奇的英勇。

卡耐基曾指出："指责和批评收不到丝毫效果，只会使别人加强防卫，并且想办法证明他是对的。批评也很危险，会伤害到一个人宝贵的自尊，伤害到他自己认为重要的感觉，还会激起他的怨恨。"所以，他建议不要指责别人，而要："尝试着了解他们，试着揣摩他为什么做出他做的事情。这比批评更有益处和趣味，并且可以培养同情、容忍和仁慈。”

富兰克林说他做外交官成功的秘诀是：“尊重任何交往对象。我不会说任何人的缺点，我只说我认识的每一个人的优点。”

欣赏别人而不是妒火中烧

在网上看到的一个帖子：一个女人说，自己的闺蜜各方面都顺得不得了，本人漂亮，老公帅气又能干，疼老婆，孩子可爱，生活优越，很是让人羡慕，她就觉得心里有些不平衡。

忽然有一天，闺蜜花容失色，面容憔悴，痛哭流涕，原来她老公出轨了。女人在安慰闺蜜的同时，心里油然而生一种“快慰”，她感到了“平衡”。

最后，她总结道：自己遇到挫折的时候，千万不要对别人说，要打碎了牙往肚子里吞，免得在寻找别人的安慰的同时，安慰了别人。

人性中的嫉妒，就像一把看不见的钢刀，不仅会刺伤人的眼睛，还会刺伤人的心，如果让人类的这种心态恶性循环下去，所有美好的东西都将成为嫉妒的陪葬品。这种由偏狭、自私而萌生的嫉妒显然是消极的。

陈静与郑露是某艺术院校大三的学生，同在一个宿舍生活。入学不久，两个人就成了形影不离的好朋友。郑露活泼开朗，陈静性格内向，沉默寡言。陈静逐渐觉得自己像一只丑小鸭，而郑露却像一位美丽的公主，心里很不是滋味，她认为郑露处处抢自己的风头，心中暗暗恨着郑露。大四那年，郑露参加了学院组织的服装设计大赛，并获得了一等奖，陈静听到这一消息以后心中特别难受，便趁着郑露不在宿舍的时候，将她的参赛作品撕成碎片，扔在床上。郑露回来以后，看到这种情况不知道该如何与郑露相处，更想不通事情为什么会变成这个样子。

陈静与郑露从形影不离到反目为仇，这样的变化实在令人惋惜，而引起这场悲剧的根源只有两个字——嫉妒。

客观地说，毫无嫉妒心的人是没有的，嫉妒是人的本性，在合理范围内可被视为正常反应。但如果让自己的内心充满妒忌，就可能导致行动不顾后果，做事缺乏考虑。所以莎翁一再提醒人们："您要留心嫉妒啊，那是一个绿眼的妖魔！"的确是这样，现实生活之中，嫉妒作为一种病态心理危害极大。嫉妒者往往不择手段地采取种种办法，打击其嫉妒对象，既有害自己的心理健康，又影响他人。

其实，见不得别人好是人类正常的心理现象，但我们要将其有效地转化为奋斗的动力，而不是嫉恨的"源泉"。我们应该尝试着放下累赘的包袱，带着祝福的心，欣赏别人的风景，憧憬自己的梦。

如果能够懂得欣赏别人而不是嫉妒，那么在把慰藉和力量给予别人的同时，我们也把激励和鞭策给了自己。因为在欣赏别人的过程中，我们也能以人为镜，看出不足，找出差距，从而不断提高素质能力和修养水平。

学会欣赏别人，我们就不会活在别人的影子里，而是在欣赏的过程中得到升华，在欣赏中思考自己，寻找自己，正视自己，修正自己。

善于理智欣赏别人的人，总会得到更多人的欣赏和帮助，创造一个更适合个性发展的宽松、和谐又布满人情味的人际环境。

李先生与王先生从小长到大，是无话不说的好朋友。大学毕业几年之后，机缘巧合之下，两人先后进入了同一家公司工作。

由于王先生最早进入这家公司并且工作出色，因此在李先生熟悉公司业务的时候，王先生经常带他，跟他讲解公司的规章制度，以及相关业务的操作流程。慢慢地，李先生熟悉了公司的业务，半年以后，他的业绩竟然超过了老同学王先生。

作为公司的骨干人员，王先生一下子就感觉到了巨大的压力，埋在心底的那颗酸葡萄发作了。因此，两人工作之余的话语变得越来越少。

李先生看出了老朋友的心病，于是决定帮他放下内心的包袱，所以时不时地就约他出来钓鱼。其间，李先生试探性地跟王先生谈到工作上的事情，并且从自己的角度，给他提了几点建议。王先生心里自然十分清楚，老朋友是真心想缓和两人之间的紧张关系，很快两个人又和好如初了。

在年终考核的时候，李先生的业绩遥遥领先，同事都对他心服口服。这个时候，部门经理的职位空缺，很多人都盯着这个岗位。最终，李先生通过竞争上岗得到了部门经理的位置。

现在两个人都互相帮助，共同享受着并肩作战的成就与快乐。

王先生理性地调整自己的心态，克服自己的忌妒心理，才让自己的友谊与事业都得到了发展。

会欣赏别人的人是心胸宽广的，即使心里也曾泛过酸，但终究可以压制住。极度的嫉妒者，他们受不了别人的成功，一切美好的东西都会引起他们的仇恨，他们嫉妒别人的才能，嫉妒别人的名誉，嫉妒别人的地位，嫉妒别人的财富，由忌生恨，从而使自己一直困在负面情绪之中。

这样活着，累不累啊？每个人都有自己的长处，也都有自己的短处，何必非要纠结于一时之长短呢？心里泛了酸，就努力去超越，脚踏实地地把自己的事做好比什么都强。

一次，一位成功学讲师在做了一番精彩演讲之后，有位男士从听众席上站了起来。他说："我很敬佩你，而作为男人，我也很嫉妒你，将来，我一定要努力超过你。"这位男士的话音刚落，听众席上就响起了雷鸣般的掌声，而且持续的时间竟然超过了对演讲者的喝彩。

这是对人性的赞美和鼓励——既然人人都会嫉妒，那我们就需要把它当成一种存在来尊重；表达一种不太光彩的情感，这种勇敢本身就是一种可贵的能力。而更重要的是，人性还有着另外一种品质，那就是永不服输的雄心壮志。后者的光辉，足以照亮前者的阴暗。

培养一呼百应的合作型性格

俗话说："三个臭皮匠，顶一个诸葛亮。"一个人的能力终究是有限的，要完成一件工作，一定是大家分工协作，互相配合的结果，所以任何人都应该学会待人接物、结交朋友的方法，以便互相提携、互相促进、互相借鉴，否则，单枪匹马是难以成功的。

1999 年，在一个叫湖畔花园的小区，16 栋三层，十八个人在一间破旧的房子里聚在一起开会，马云站在中间讲了整整两个小时，就这样“忽悠”他们一起来创业。

当时，在下定离开外经贸 EDI 回杭州的决心后，马云和跟随着他从杭州到北京打拼的兄弟们说：“我近来身体不太好，打算回杭州了。你们可以留在部里，这有外经贸部这棵大树，也有宿舍，在北京的收入也非常不错；你们在互联网混了这么多年，都算是有经验的人，也可以到雅虎，雅虎刚进入中国，是家特别有钱的公司，工资会很高，每月几万元的工资都有；也可以去刚刚成立的新浪，这几条路都行，我可以推荐。反正我是要回杭州了。”

接着马云又说：“你们要是跟我回家二次创业，工资只有 500 元，不许打的，办公就在我家那 150 平方米里，做什么还不清楚，我只知道我要做一个全世界最大的商人网站。如何抉择，我给你们三天时间考虑。”

像当年离开中国黄页一样，马云的决定又一次在他的团队里引起轩然大波。所不同的是这次没人哭。大家讨论时，很多人不能理解马云的决定，也有人坚决反对这个决定。不过，5 分钟后，所有人都表达了一个共同的意愿，跟着马云回杭州。

1999 年是中国互联网的第一波高峰时期，有经验的互联网从业人员是稀缺资源，很容易找到高薪工作，与 500 元相比，月收入上万元还是很有诱惑力的。至于为什么这些人会一致地选择跟随马云南下，日后马云的一次内部讲话多少能说明一些问题：“现在互联网江湖很昏暗，谁也不知道未来是什么，这个时候你可以去找一份收入不错的工作，但很可能你几年后还得换地方。现在我们用一支团队的力量在这片江湖里拼杀，十几个人在一起还有什么可怕的，拿着大刀片子往前冲即可。”

财经作家郑作时为此感慨，“这一团队和马云之间建立了超越利益之上的联系——既然上万元的月薪都可以放弃，那还有什么力量可以让他们分开？”

要做成一件事或成就一个事业，光靠一已之力是绝对不行的，需要团队的力量也需要同仁和朋友的协助和支持。如果一个人孤独地在社会上生活，身边没有一个能够信赖的朋友，他的事业是肯定不会成功的。马云事业的成功固然与他的睿智与艰苦奋斗分不开，但是，如果没有这些挚友的支持和帮助，马云的成功或许就不会如此辉煌。

我们每一个人在社会的大舞台上都充当着一个角色，无论你从事什么职业，要想取得成功，都离不开别人的帮助。单独一个人想达到事业的顶峰是不可能的事情。这就好比是一个球队，要想比赛取得最终的胜利，必然是大家团结协作，共同努力的结果。

说到底，个人的力量毕竟有限，即使你再有能力也不可能孤军奋战还连战连捷。所以，请务必培养自己善于合作的性格，这样可以更好地弥补自己各方面的不足，又可以使人们紧紧团结在自己周围，使自己尽快地走向成功。

越谦逊，越容易被大众接纳

强出风头，往往会引起别人的反感，尤其在我们这个有着数千年封建史的国度里，更是有很多人因才华出众而遭受贬斥或丢掉了性命。我们并不是否定那些勇往直前、万事当先的人，只是强调要掌握好前与后的分寸。

在姚明的新秀赛季，曾出现这样一则轶事：

当时，NBA 名宿巴克利在一次脱口秀节目中与主持人史密斯打赌，如果休斯顿火箭队的中国小巨人姚明，能够在一场比赛中拿下 19 分，他就亲吻史密斯的臀部。依姚明当时的数据看来，巴克利似乎稳操胜券，因为姚明在此之前的 6 场比赛中，平均每场只拿到 3.3 分，即便在最出彩的、与太阳的比赛中，小巨人也不过拿到 10 而已。但仅仅过了两个晚上，姚明就让巴克利的口不择言付出了代价。

8 天后，姚明在与洛杉矶湖人队的一次交锋中，一举砍下 20 分，不仅证明了自己状元的实力，同时也给了巴克利极大的教训。后者表示，他会旅行自己的诺言，在“巴克利脱口秀”节目中，当着全国观众的面亲吻史密斯的屁股。不过，由于史密斯不愿意在全国观众面前暴露自己的臀部，同时也是为了给老搭档一个台阶下，遂改牵来一头驴作为自己的替身，而巴克利也言出必行地凑上去，亲吻了这只驴的屁股。

然而，对于这带有轻视、侮辱性质的赌注，事情的另一主角——姚明却毫不在意，他向记者表示，自己只把这当成西方式的幽默，他笑着说：“那好，我就拿18分算了。”中国小巨人的宽容与低调情怀由此可见一斑。

得益于谦逊、低调的性格以及踏实奋进的态度，姚明在NBA打得风生水起。2007年12月30日，在对战猛龙的比赛中，由于核心人物麦迪缺阵，所以对方针对姚明采取了包夹战术，导致小巨人的发挥受到了很大干扰，整个上半场，他8投2中，仅得到了8分6个篮板。易地再战，姚明开始调整自己的状态，虽然饱受失误和犯规困扰，但信心与斗志却始终不减。在第四节末端，姚明连得8分，率队打出10：4的小高潮，从而熄灭了猛龙队反扑追分的势头，最终锁定胜局。

按常理而言，在主将缺阵的情况下，率队打出这样一场精彩的比赛，绝大多数人或多或少都会有一些得意之情流露出来，而姚明却表现出了东方人特有的谦逊，他将取胜的功劳推到队友身上“这场比赛是对我们球队士气的一种鼓舞，也是对于团结、信心、默契的考验，应该说是大家共同努力的结果吧。”

正是这种谦逊，使姚明在美国这个带有种族歧视色彩的国家赢得了广泛的认可与尊重，亦如休斯顿火箭队媒体关系部经理评价的那样：“姚明是一个非常谦虚的人，他能够不引起别人的注意就绝不引人注意，他所做的就是走出门，打篮球。”

事实上，越是有涵养、有深度的成功人士，其做人的态度就越为谦虚。他们的自谦非但没有抹杀他们身上的优点，反而让别人对他们更是敬佩有加。

那么，在工作当中，在同事，朋友之间，如何把握不前不后地分寸呢？首先，必须估量一下自己在工作中的位置与在单位中的角色。属于自己工作、职责范围内的事，责无旁贷，必须尽心尽力去完成。自己工作之外的事，不该涉及的尽量不去涉及，尤其不要以“内行人”“明白人”或者居高临下的姿态去对同事、朋友指手画脚。即使人家请你去帮忙，也应以谦逊的态度诚恳待人。

其次，在名誉、利益面前，不要表现得过于期待。即使有所追求，也应该在表面上含而不露，应该通过为人与处世的技巧去赢得大家和领导的认同。要清楚，许多事情的成功，正如战场上作战一样，迂回包抄要比正面直接进攻有效得多。

但任何事情都是一分为二的，不前不后只是说在同事之中，在利益与荣誉面前，不过分张扬自己、不踩着别人的肩膀向上攀登。

不前不后仅仅是一种过程，但从结果——自己的前途与事业而言，则必须是在其他人的前头，必须从其他人中脱颖而出。到那个时候，其情势将不是“木秀于林，风必摧之”，而是“众星捧月”“众望所归”。

随时随地保持你的随和

几乎每个人，每天都在想着如何才能向更高的成功迈进，如何才能在人前显示出自己的独特气质。纵览成功人士，尽管他们几经风雨，却总是能带给别人阳光般的笑容。尽管他们家财万贯，却时刻保持着质朴而平易近人的风度。其实，随和对人很重要，如果你希望自己能带给人一种从容而内敛的感觉，就让自己随和起来吧！它不但会给你争得面子，还会给你带来不错的人缘。

有人说，随和就是顺从众议，不固执己见；有人说，随和就是不斤斤计较，为人和蔼；还有人说，随和其实就是傻，就是老好人，就是没有原则。这让我们的内心有些迷茫，究竟随和给我们带来的是晦气还是福气呢？纵观一些有影响、有地位的公众人物，他们都有一个共同的特点：心态随和、平易近人。而与此相对照，非常有趣的是，有时候越是地位卑微的人越是容易发怒暴躁，他们动辄就因一些鸡毛蒜皮的事儿大发雷霆。由此看来，为人随和对一个人来说真的很重要，它代表着一种成熟，代表着一种从容，也代表着一种品位。

我们到了一定岁数，大多已经在事业上小有成就，在社会上也有了一些磨砺，不管是在阅历上还是思想上都得到了很大的提高。这时候我们对自己有了更高的要求，那就是真真正正地迈入成功人士的行列，尽管信用卡里的存款有限，尽管自己的房屋贷款还没有还完，但这丝毫不会影响到我们做一个有品位的人的追求。有句话是这样说的：“因为懂得，所以释然。”那些成功者之所以能够如此随和自然，如此镇定从容，与他们经历的风雨是分不开的。在他们的脸上刻着荣耀，也刻着往昔的艰难。尽管这一切的一切都已经成为过去，但却在他们的心中打上了烙印。让他们看透了人生的真谛，也从此真心地看待每一个人的人生。

一位曾在酒店行业摸爬滚打多年的老总说：“在经营饭店的过程中，几乎天天都会发生能把你气得半死的事儿。当我在经营饭店并为生计而必须要与人打交道的时候，我心中总是牢记着两件事情，第一件是：绝不能让别人的劣势战胜你的优势；第二件是：每当事情出了差错，或者某人真的使你生气了，你不仅不能大发雷霆，而且还要十分镇静，这样做对你的身心健康是大有好处的。”

一位商界精英说：“在我与别人共同工作的一生中，多少学到了一些东西，其中之一就是，绝不要对一个人喊叫，除非他离得太远，不喊就听不见。即使那样，也要确保让他明白你为什么对他喊叫，对人喊叫在任何时候都是没有价值的，这是我一生的经验。喊叫只能制造不必要的烦恼。”

品位随和的人会成为智者；享受随和的人会成为慧者；拥有随和的人就拥有了一份宝贵的精神财富；善于随和的人，方能悟到随和的分量。要真正做到为人随和，确实得经过一番历练，经过一番自律，经过一番升华。

提升情感穿透力

——开放出你独一无二的情商影响力

就吸引力而言，你当然更喜欢那些真心对你好的人，同理，你真心对别人好，别人自然也会被你所吸引。人类表达感情的方式有很多，包括语言，行为等，任何一个细节都会给对方造成情感波动，正确运用这些表达方式，是向对方证明你真心的最有利依据。

人情练达，人脉就会通达

古人说："世事洞明皆学问，人情练达即文章。"通晓人情，就是要有一种设身处地，将心比心的情感体验的态度。从正面讲，就是要"己欲立而立人，己欲达而达人"。就好像肚子饿了要吃饭，应该想到别人肚子也饿了，也要吃饭；身上冷了要穿衣，应想到别人也与你一样。懂得这些，你就要"推食食人""解衣衣人"。刘邦就知道这种道理，所以他在韩信眼中是个通情的人，并且刘邦还使韩信欠下自己的人情债不忍背叛。

汉王四年，韩信平定了齐国，他向汉王刘邦上书："我愿暂代理齐王。"刘邦大怒，转而一想，他现在身处困境，需要韩信，就答应了。韩信力量更加壮大。齐国人蒯通知道天下的胜负取决于韩信，就对他说："相你的面，不过是个诸侯，相你的背，却是个大福大贵之人。当前，刘、项二王的命运都悬在你手上，你不如两方都不帮，与他们三分天下，以你的贤才，加上众多的兵力，还有强大的齐国，将来天下必定是你的。"

韩信说："汉王待我恩泽深厚，他的车让我坐，他的衣服让我穿，他的饭给我吃。我听说，坐人家的车要分担人家的灾难，穿人家的衣服要思虑人家的忧患，吃人家的饭要誓死为人家效力，我与汉王感情深厚，怎能为个人利益而背信弃义。”

过了几天，蒯通又去见韩信，告诉他时机失去了便不再来，韩信犹豫不决，只因汉王对他情深义重。

我们姑且不论刘邦以后如何处死了韩信，但就人情世故而言，刘邦很成功，他能令韩信在想背叛时心中产生了愧疚，不忍去做。

通晓人情从反面讲，就是要“己所不欲，勿施于人”。你爱面子，就别伤别人面子；你要尊重，就不能不尊重别人。“只许州官放火，不许百姓点灯”的事，也不是没有人做。

项羽就是其中之一。虽然他有“霸王”的美称，却只有霸者的习气，没有王者的风范。他自己想称王，却想不到手下的弟兄也想做官。该赐爵的时候，爵印就在他手中，棱角都磨损了，他还是舍不得颁发下去。

因此，与其说项羽败给刘邦，还不如说他输给了人情。

通晓人情还不够，有的人既通又晓，但自视清高，懒得做。情是做出来的，需要有你的人缘。

有人缘的人，才会广交朋友受人欢迎。

话虽这么说，但人情的“通”，人缘的“有”，是不能靠守株待兔，天上不会掉下一张馅饼，而且刚好掉到你的嘴巴里。人情要去做。

以真情实感激发心理共鸣

第一位获得诺贝尔文学奖的国家元首是英国首相温斯顿·丘吉尔。他获得1953年诺贝尔文学奖，是“由于他精通历史和传记的艺术，同时也由于他那捍卫崇高的人的价值的光辉演说”。丘吉尔的演说在第二次世界大战期间对于反法西斯军民曾起过巨大的鼓舞作用。

澳大利亚前总理孟席斯评论丘吉尔的演说时说：“他深知作为演说家，要想感动别人，首先要感动自己，并对一切了如指掌。”在第二次世界大战最黑暗的时期，当德寇飞机对英国施行狂轰滥炸之时，丘吉尔曾向秘书口授了一篇演讲稿。这里摘录一段精彩的文字：

“我们决不投降，决不屈服。我们要战斗到底。我们将在法国作战，我们将在海上和大洋上作战，我们将满怀信心地在空中越战越强。我们将不惜任何代价保卫我们的本土。我们将在海滩上作战，在敌人陆降处作战，在田野作战，在山区作战。我们任何时候决不投降！”

据丘吉尔的秘书讲，当口授完这篇演讲稿时，这位年近七旬的首相竟“像小孩一样，哭得涕泪横流”——这是何等激动的感情啊！这激情来自于对祖国的爱，对敌人的憎，来自于珍视自由、热爱和平的崇高信念，大大增强了言辞的感染力。丘吉尔向秘书口授讲稿尚且如此动情，当众演说时的澎湃的情绪便可想而知了！

以情动人除了要求自己要动真情之外，还要求我们善于将自己的真情实感淋漓尽致地充分表达出来，迅速激起对方的共鸣。因此，我们必须善于体察对方的心境，用饱含浓情语言去拨动对方的心弦。

美国成功学家卡耐基劝诫所有的演讲者：不要抑制自己真诚的情感。要让观众看到，演讲人对自己谈论的话题多么热忱、多么富有情感。

每个人都有激情，只是在现实生活中，很少有机会表现出来，而且一般人都不愿意将自己的感情当众流露，因此，人们总是通过交流或参与某种活动，在一个大家都非常投入、十分忘我的氛围中，以满足这种感情的需要。这时，我们的真情实感常会从内心里流露出来。这是一种自然地流露，也是一种易感染他人的流露。在人际交往中，如果我们能调动自身的激情，以情感人，那么，对方便会被我们牢牢吸引住，我们就掌握了开启听众心灵之门的钥匙。

让别人感受到你的真诚关注

在人际交往中，真诚地对对方感兴趣可以帮助你赢得人心。每个人最关注、最关心的就是自己，因此，你应该尝试说一些关心他人的话，让对方真切地感受到你对他的兴趣和关心，你对他就有了吸引力。

被公认为“魔术师中的魔术师”的郝万·哲斯顿，在他那个时代里，竟能用精彩的表演让超过 6000 万人买票进场看他的演出，其成功的秘诀就是懂得如何从关怀观众出发，懂得表现人性。哲斯顿对每个人都表现得真心地感兴趣。他说：“许多魔术师会看着观众，而对自己说：坐在台下的那些人都是一群傻子和笨蛋，我可以把他们骗得团团转。”而哲斯顿的方式不同，他每次上台，就会对自己说：“我很感激，因为这些人来看我的表演，就是我的衣食父母，是他们让我能够过上很舒适的生活，因此，我要把我最高明的手法，表演给他们看。”

同样是由于对别人的事情强烈地感兴趣，使得查尔斯·伊里特博士成为有史以来最成功的一位大学校长。他担任哈佛大学的校长，从南北战争结束一直到第一次世界大战的前五年。下面是伊斯特博士做事方式的一个例子。

有一天，一名大学一年级的学生克兰顿到校长室去借 50 美元的学生贷款，这笔贷款获准了。下面是这位学生后来在一篇文章中的叙述——“伊里特校长说，‘请再坐会儿。’然后他令我惊奇地说：‘听说你在自己的房间里亲手做饭吃，我并不认为这坏到哪里去，如果你所吃的食物是适当的，而且分量足够的话。我在念大学的时候，也这样做过。你做过牛肉狮子头没有？如果牛肉煮得够烂的话，就是一道很好的菜，因为一点也不会浪费。当年我就是这么煮的。’接着，他告诉我如何选择牛肉，如何用文火去煮，然后如何切碎，压成一团，冷后再吃。”

一个人要是对别人真诚地感兴趣的话，哪怕你一句极平常的话也可以从即使是极忙碌的人那儿，得到注意、时间和合作。

只要你真正地关注他人，就能赢得他人的注意、帮助和合作。

一天，艾丽丝接到了一个不幸的消息，她的哥哥、嫂子及他们的孩子都在一次车祸中丧生了。她的母亲在电话中悲哀地请求道："快来吧。"当时的她简直被这一打击弄懵了，神志恍惚地在屋里来回走着，虽然知道要做很多事情，如买机票、整理全家人动身的行李、托人照管房子等，但却此刻不知道应做点什么。当她的朋友们知道这个消息后，都纷纷打来电话，每个人都说道："如果要我帮忙的话，请告诉我一声。"但她却始终不知该怎么办，这时只有一个朋友来到她家，并且对她说："我是来帮你们刷鞋子的。"这位朋友解释道："记得我父亲去世时，我花了不少时间来刷洗孩子们要去参加葬礼的鞋。"之后，她的朋友不仅把孩子们的鞋拿到一边，连同艾丽丝与她丈夫的鞋也都拿了出去，接着她就默默地刷着那些鞋子。这件事使艾丽丝万分感动，当她看到这一幕时她顿感身上有了力量，也开始有次序的一件件做那些很急迫的事情。

之后艾丽丝每当在朋友需要帮助时，她从不会像打一个含混的电话说："如果要我帮忙的话，请告诉我一声"之类的话，而是尽自己全部的力量去做一些对他们有所帮助的事情。

一个人即使聪明绝顶、能力超群，但如果不懂得凭借真诚来培养和谐的人际关系，不能让别人从他的话语之间感受到真诚，那么，无论他的言辞多么悦耳动听，也不能收到良好的交际效果。所以，要想在交际中取得事半功倍的效果，你首先要对他人付出足够的真诚。

热情主动地去拉近彼此距离

生活中，人们时常会发出这样的叹息声，在跋涉了几十个年头之后，回头看一看四周，究竟有多少知心的朋友，究竟有多少知心人时，却心中黯然，于是就痛苦地发出寻求知音的呼唤。

中国古代先哲孔夫子曾说“三人行，必有我师焉”，这是说在普通的人中间就可以找到老师，其实我们又何尝不可以说，三人行，必有我友呢?

有些人胆子很小，不敢主动向对方问好。其实，这并不是一件难事。只要抛弃自己胆怯的心理，大胆地走上去跟他说：“我一直想跟你说话，但是我很怕接近你。”虽然这是单刀直入，但会令对方无法拒绝你。

所以说，人与人之间的交往都是从陌生开始的，若想结交更多的朋友，并不是一件难事。只要你能主动向对方伸出友谊之手，结识新的朋友将是一件轻松的事情。

在一家旅社的房间里，一位旅客正躺在床上看电视，另一位旅客泡了一杯浓茶，一边品茶一边观察这位看电视的旅客，说：“师傅来了很久了吧？”对方答道：“哦，刚来不久。”

“听口音您是山西人？”品茶的旅客问。看电视的旅客说：“正是，我是山西大同人。您呢？”“山东，德州。”品茶的旅客答道，然后又乐呵呵地说：“大同的风景名胜可真多啊。有悬空寺嘛，真了不起，去年我还去那玩了两天。”看电视的旅客听到对方聊起了自己的家乡，马上来了兴致，电视也不看了，和他聊了起来。一会儿说风景极佳，一定要去，一会儿又说小吃味道好，一定要尝。两个人越聊越来劲，俨然就像认识多年的好友。紧接着，两人互赠名片，一起进餐，睡觉之前居然签订了合同。大同的旅客从德州的旅客手里订购了一批货物，德州的旅客从大同旅客那里转入一批价格合理的煤炭。

本是萍水相逢的陌生人，只要其中一个先伸出友谊之手，陌生人也许就会变成好朋友。就像我们每天上下班都在街头遇到的执勤警察、上下班都见面的汽车售票员一样，甚至我们住处旁边的卖小物件的老大妈，他们都是一个个富有个性的人。再如，出游，吃饭，见客户等方面，我们都能认识新朋友，了解不同人物的性格，打破各自以前的生活方式，发现许多以前不曾发现的生活情趣。大家在彼此由陌生到相知，此时，你会惊奇地发现：原来在自己的生活圈子以外，还有一个非常精彩的世界。在自己生活的世界里，表面素不相识的人，其实都是热心肠的好朋友。

所以说，人缘不是鸟儿，不会自己飞来。要建立一个好人缘，织起一张人际关系网，你必须积极主动。光有想法是不够的，必须将它化为行动。

在这个世界上，各行业都有许多出类拔萃的人物，他们的影响是非同小可的，努力和他们建立良好的关系，这对你的前途有时候是至关重要的。一味地等待只能使你错失良机，绝对不可能使你建立起良好的人际关系，你应该积极地一步一步去做。

在某些场合，你有许多接触他们的机会。如果你想让他们成为自己人际关系网中的一员，就必须付出像那些西方议员一样的努力去执着追求。假如你到一个新的环境，如机关、企业、学校等，在彼此都不认识的时候，你要主动“出击”，以真诚友好的方式把自己介绍给别人。

此外，如果你想多结交一些朋友，就要主动地了解对方的志趣爱好。你可以通过多种方式去得到对方的信息，还要注意与其相处时积累一些有关他的情况。你可以通过他的朋友了解他的为人处世，也可以通过他的一些个人材料了解他。

可能有人会说，我又不是打算在社交上大出风头，我只是脚踏实地地干自己的，有什么必要去认识太多的朋友呀。如果你有这种想法，那么，我可以告诉你，马克·吐温也不是一个靠社交出风头的人，他的主要事业只是埋头写作，他只需要天才的大脑创作更多的幽默小说。然而，马克·吐温实际上有不少朋友，并且与朋友相处得非常好。他曾说过：“一个人，唯有善于把陌生人变成自己的朋友并相处得十分有趣味，那才会真正的快乐。”

所以说，人和人之间的交往是互动的、对应的一种行为。每个人都希望自己有良好的人际关系，但是如果你不主动地与他人交往，而等待别人找上门来与你交往，那是没办法获得良好的人际关系的。只有积极主动的与他人展开沟通与交流，才能不断地得到别人的认可，进而实现交往的目标。

把人情话说到别人心坎上

人情话是虚话这不假，但如果你以十二分的真诚去说，以贴心贴肝的关心态度去说，人情话也能透出浓浓的人情味，让人感动不已，同时也被你所吸引。

只要你真正关心他人，就会赢得他人的注意、帮助和合作，即使最忙碌的重要人物也不例外，也只有在这种条件下，你的吸引力才会越来越大。要做到这一点也许并不难，你只需真诚地说几句关心人的人情话就行了。

我们都知道，有些人终其一生地向别人俯首弄姿，目的是为了引起别人的注意，其结果是徒费力气。因为人们根本不会注意到你，人们注意的只是自己。有人曾做过这样一个有趣的调查，在电话通话中，哪一个字是最常用的。调查结果是“我”字。所以，在人际交往中，你的人情话绝不能放过任何一个“我”。

在塔夫特总统任职期间，罗斯福有一天到白宫访问。恰巧那天总统和夫人外出不在。罗斯福对待下人的真诚便真实地流露出来。他热情地叫着每一个老仆人的名字，和他们打招呼，连厨房里洗碗盘的女仆都不例外。当他见到在厨房里干活的艾丽斯时，他问她是不是还在烘烤玉米面包。艾丽斯说她有时会做一些给仆人吃，但楼上的人并不吃。罗斯福就大声说楼上的人真不懂品味，在他见到总统的时候一定这么告诉他。艾丽斯用盘子盛了一些玉米面包给他，他拿了一片边走边吃，并且一路和工人、园丁打招呼。曾经在白宫做过 40 多年的老仆人爱科 · 胡佛含着热泪说这是他两年来唯一感到快乐的日子。

罗斯福有个侍仆叫詹姆士 · 阿摩斯，他写了一本名叫《仆人眼中的英雄——西奥多 · 罗斯福》的书，书中讲了这样一件事：他太太因为从没见过鹑鸟，于是有次向总统先生问起鹑鸟长得什么样子，当时总统先生非常详尽地描述了一番。没过多久，他们农舍里的电话铃响了，他太太跑去接，原来是总统先生亲自打过来的，他在电话中告诉他太太，如果现在从窗口向外看的话，也许可以看到有只鹑鸟正在树上唱歌。他每次到农舍来，都要和他们聊天，即使看不见他们，也可以听到他喊："安妮！詹姆士！"

哪一个雇工不喜欢这样的老板？哪一个人不喜欢这种人？

我们常常忘了人与人之间最宝贵的资源，就是朋友关系——生活的框架告诉我们要保护自己，多做可能多错，热心多会受伤。于是我们宁可自扫门前雪，被动一些，甚至对人漠不关心，或者只是说一些无关痛痒的人情话。一个人可以聪明绝顶、能力过人，但若不懂得由真诚和积极热心来培养和谐的交际关系，他的成功就得付出事倍功半的努力。就拿说话来说，你的言辞无论多么悦耳动听，但如果在别人那里感觉不到你的真诚，一切都会徒劳。

设法激活你的社会助力网

如果我们不懂得从人际资源中抓关键、找亮点，那恐怕再深厚的人际资源对我们而言也如鸡肋一般，很多年轻人缺少的就是这个本领。

真正的社交高手，非常善于发挥人脉的作用，他们心知肚明，什么时候需要什么样的人际资源，需要什么人，怎么让社交圈活起来。

杜邦是一个庞大的家族，是一个有着200余年历史的美国军火、化学及金融界的垄断资本集团，其发家史上重要的一笔便是：善于利用人际资源。

1802年4月，皮埃尔·杜邦向杰弗逊总统建议，从拿破仑手中买下路易斯安那，作为美利坚合众国的领土。这片东西横贯密西西比河和洛基山，南北从墨西哥湾至加拿大的法国殖民地总面积为214.4万平方千米。这个重大建议与杰弗逊总统的观点不谋而合。杰弗逊认为：美国的民主与繁荣取决于自由民移居自由土地的能力。总统即派皮埃尔代表他去巴黎和拿破仑进行秘密谈判。名义上此事由总统的特使门罗办理，但实际上皮埃尔·杜邦是执行人。1803年5月8日，拿破仑签署了卖地条约，以1500万美元的价格将路易斯安那卖给了美国。美国在这笔交易中得到了惊人的实惠，将领土一下子扩大两倍。

具有商人基因的杜邦家族当然是“无利不起早”的。1803 年 7 月，伊雷内得知其父在这笔交易中所起的作用后，马上给杰弗逊写信，要求政府给杜邦家新建的火药工厂以优惠。不久，他得到了一份提炼政府所有硝石的合同。这样一来，美国政府就成为伊雷内的最大买主。

先进的技术、廉价的劳动力、政府的优惠、日益扩展的市场，这一切构成了杜邦公司创业阶段的基石。1804 年春，伊雷内·杜邦完成了首批黑色火药成品，并将其送到兄长维克托·杜邦在纽约格林威治街的贸易公司。维克托立刻在报上刊登广告，宣称杜邦火药公司生产的这种黑色火药优于任何火药。美国海军订了 22 万磅（约 10 吨），西班牙驻美大使订了 4 万磅（约 18 吨），此外，美国陆军部订购了 12 万磅（约 54 吨）精制硝石。1804 年杜邦火药销售额为 1 万美元，1805 年增加到 33 万美元。1812 年第二次美英战争前后，杜邦公司的买卖做大了。战争期间共向政府出售了 100 多万磅火药，这使公司能将获得的愈来愈多的利润中的绝大多数用于扩大再生产，杜邦家的名气更大了。1815 年，前外交官维克托作为布兰迪瓦区的代表被选入特拉华州众议院，1820 年又进入州参议院。这是杜邦家族称霸特拉华州的开始。在此之前的 1817 年 8 月，杜邦家族的老祖宗、前法国商务总监皮埃尔·塞缪尔·杜邦已经去世，杜邦家族的首领变成了维克托和伊雷内两兄弟。1824 年，杜邦家族挤进了美国新的财阀集团。伊雷内被任命为美国银行的董事，这家银行垄断了全国的货币。1826 年，维克托也成了该行的董事。

1827年2月，60岁的维克托死于心脏病，伊雷内仍经营着火药公司。这时公司年产80万磅火药，占美国火药总产量的七分之一。到1832年，公司已出口火药120万磅，而这30年公司贸易总额多达1340万磅。1834年10月底，杜邦公司的创始人、第1任总裁厄留梯尔·伊雷内·杜邦也因心脏病去世，终年63岁。伊雷内死后，公司由他的女婿安德宛·比铁尔曼暂时代理，这种状况维持了两年多。

伊雷内有三个儿子，长子艾尔费·雷德生性温顺，他对化学实验的兴趣超过了谋利。父亲死时他已36岁，两个弟弟亨利和亚历克西斯只有十几岁。1837年，艾尔弗·雷德出任杜邦公司第2任总裁。他坚持要和两个弟弟合伙管理公司，但最后裁决的人还是他。这以后的十几年里，国内经济一片萧条，企业破产、银行倒闭，而杜邦公司却一直生意兴隆。这是由于美国与墨西哥的战争、国内的矿业开采和公路铁路的修建等都需要越来越多的火药。1850年，艾尔弗雷德因病辞职，其弟亨利·杜邦成为公司第3任总裁。

1861年2月，继林肯总统的就职典礼后，杰弗逊·戴维斯宣誓组成美国南部各州同盟。4月，南北战争刚一打响，亨利·杜邦立刻跑到华盛顿，宣称他忠于政府，从而捞到了一大批军火合同。到年底，杜邦公司向政府出售的枪炮火药价值230万美元，这是公司成立60年来的最大的一笔交易。这时，政府供应的鳊硝石缺货，林肯总统担心英国可能支持南方而停止供应东印度市场上的硝石。林肯派杜邦公司的“新星”、艾尔弗雷德的儿子拉摩特·杜邦到英国去，以杜邦公司的名义包揽世界硝石市场。拉摩特同意了，但条件是这些硝石必须由杜邦公司提炼。1861年11月，年轻的拉摩特（20多岁）来到英国。在伦敦、利物浦等地用美国政府的价值50万美元的金条买下了英国所有的硝石。在整个南北战争期间，杜邦公司为联邦政府提供了近400万磅火药，从中获得了100多万美元的巨额利润。另外，由于在西部发现了新的市场，杜邦公司需要长途运送火药。拉摩特从蒙特加宁到威尔明顿之间修了一条铁路，使公司的军火厂直接与全国的铁路网连起来。政府是明令禁运军火的，但亨利总裁却能得到政府特许，大量运输军火，甚至可以出口。

南北战争期间，由于杜邦公司总裁亨利·杜邦发誓效忠政府，林肯授意特拉华州州长伯顿任命他为州武装力量的少将。这位“将军”牢牢地掌握了特拉华最大城市威尔明顿，并率军队开进了特拉华南部地区，进而控制了全州。在1868年到1888年的五次总统选举中，亨利都是特拉华州的总统选举人。杜邦家族此时已是腰缠万贯的新贵族、特拉华州一言九鼎的人物了。

1932年的大选结束了。纽约州州长、民主党人富兰克林·德兰诺·罗斯福登上了总统宝座。当然，正如人们知道的那样，这个胜利主要应归功于杜邦家族代理人、民主党全国委员会主席拉斯科布。他经过4年努力建立起一个以城市为基础的政党，并资助该党度过困难时期，使其得到了城市平民的支持。

1933年，是罗斯福推行“新政”的第一年，他得到杜邦家族的普遍支持。E·保罗·杜邦全力赞助他的田纳西流域公共工程计划。皮埃尔除了在全国复兴总署及其管辖的全国劳工委员会任职外，还担任了商务部的商业咨询和计划委员会的职务。当罗斯福总统号召私人把贮藏的黄金转入政府储备时，伊雷内把自己积存的美元和大量金条拿了出来，还向民主党捐赠了5000美元。拉摩特也表示赞同罗斯福宣布的美元贬值的决定。

1937年6月，一条“爆炸性”的新闻出现在全国报刊上：罗斯福总统的儿子——小富兰克林·罗斯福与杜邦家的埃塞尔·杜邦小姐的婚礼在杜邦家举行，总统和夫人亲抵特拉华参加。

杜邦家族得以发家，一方面得益于其灵活的头脑，另一方面显然要归功于其强悍的社交思维。事实上，一个成功的人必定有他广泛的社会助力网，而且他们非常懂得利用这种优势。

济人于难最能感化人心

当你在危难之中向人伸出援手，他的心一定会在那一瞬间被你感动，你对他同时也就产生了影响力与吸引力。

事实上，大多数人都乐于锦上添花，少有人愿意做雪中送炭的事。锦上添花是在攀附贵人，日后必定好处多多；而雪中送炭是帮助弱势的人，可帮助他们有什么用处呢？这种想法实在是大错特错，因为那些看起来不起眼的人说不定什么时候就会帮上你大忙！

一个刮着北风的寒冷夜晚，路边一间旅馆迎来了一对上了年纪的客人，他们的衣着简朴而单薄，看来他们非常需要一个温暖的房间和一杯热水，但不幸的是这间小旅店早就客满了！领班罗比看了他们一眼，冷冷地说：“这里没有多余的房间了，快走吧！”

“这已是我们寻找的第16家旅社了，这鬼天气，到处客满，我们怎么办呢？”这对老夫妻望着店外阴冷的夜晚发愁。

店里的一个小伙计不忍心这对老年客人受冻，便建议说：“如果你们不嫌弃的话，今晚就住在我的床铺上吧，打烊时我在店堂打个地铺就可以了。”

老年夫妻非常感激，第二天要付客房费，小伙计坚决拒绝了。临走时，老年夫妻开玩笑似的说：“你经营旅店的才能真够得上当一家五星级酒店的总经理。”

“那敢情好！起码收入多些可以养活我的老母亲。”小伙计随口应和道，哈哈一笑。

没想到两年后的一天，小伙计收到一封寄自纽约的来信，信中夹有一张来回纽约的双程机票，信中邀请他去拜访当年那对睡他床铺的老夫妻。

小伙计来到繁华的大都市纽约，老年夫妻把小伙计引到第五大街与三十四街交汇处，指着那儿一幢摩天大楼说：“这是一座专门为你兴建的五星级宾馆，现在我们正式邀请你来当总经理。”

年轻的小伙计因为一次举手之劳的助人行为，美梦成真，摇身一变成为五星级饭店的总经理，或许在人们看来有些不可思议，但这就是事实，因为它就是著名的奥斯多利亚大饭店经理乔治·波非特和他的恩人威廉先生之间的真实故事。

还记得韩信和漂母的故事吗？韩信落魄之时，人人都嘲笑他，只有漂母把自己的饭分给他吃。后来，人们眼中的“无用小子”变成了大将军，他以千金回报了漂母的一饭之恩。很多人都热衷于结交富有的人，而鄙视穷困的人，这种做法真的很不可取。

无论如何，帮助别人总是一件不错的事，帮助别人有时就是在帮助你自己，而且，如果你能摒弃势利的想法，就会发现，济人于危困要比锦上添花更能让你感到快乐，更能让你充满自豪感。当然，你在别人心里的印象在那一瞬间也会高大起来。

成人之美而不求全责备

在中国几千年的历史文化中，成人之美俨然已经成为有德之人倍加推崇的一项做人准则，故孔子说：“君子帮助别人成全好事，不帮助别人成全坏事，小人却正好相反。”在古代的君子们看来，“美事”未必非我不可，成他人之美亦是成我之美，而“成人之恶”则是一种罪大恶极的行为，誓为君子所不容。

君子之所以能够成人之美，是因为他们有着与人为善的宽阔胸怀，把别人的成功当成自己的成功，把别人的快乐当成自己的快乐。不成人之恶，是因为君子爱人以德，不愿看到别人受难遭殃，不愿看到别人落水翻船的不幸。而小人就不这样，总是喜欢成人之恶，不愿成人之美。比如别人落水，他就高兴；别人成功、快乐，他就满肚子的嫉妒、怨恨，甚至背后搞小动作，造谣中伤，这种君子和小人截然不同的分别，归结到一点，就是心态和思想境界的不同。

所谓君子成人之美，就是真正的有德之人，行事并不拘泥于世俗的条条框框，只要是有好结果的事情，他都会去竭力促成。这样的人，在人格得到升华的同时，亦会获得意想不到的收获。

唐朝时期，有一才子名叫谢原，其人擅辞赋，犹以歌词见长，所作歌词广泛流传于民间。

有一年，谢原应张穆王之邀，前去做客。席间，张穆王命小妾谈氏隔帘弹唱，事有凑巧，谈氏所唱之曲，正是谢原的一首竹枝词。张穆王见谢原听得如痴如醉，便将谈氏请出与之相见。

谢原见谈氏风华绝代，又对自己的词作甚为推崇，遂心生爱慕之情。于是，他起身说道："能闻夫人弹唱拙词，在下不胜荣幸，但夫人所唱之词，实为在下粗浅之作，恐辱没夫人。我当竭心再作几首好词，以备府上之需。"

翌日，谢原即奉上新词八首，谈氏将其逐一谱曲弹唱，谢原更感相见恨晚。此后数日，谢原与谈氏词曲往来，情愫渐生。终于有一日，谢原隐忍不住，向谈氏道出了渴慕之情。谈氏虽亦有意，但无奈已为人妾，身不由己。

于是，谢原甘冒杀头之罪，请求张穆王成全他二人。

正常情况下，若换作别人，必然拍案而起、动雷霆之怒。然而，张穆王却一笑了之："其实我亦有此意！虽然心中尚有几分不舍，但你二人一擅作词，一擅谱曲，珠联璧合，实乃天造地设的一对！"

谢原万万没有想到张穆王竟如此大度，不禁感恩戴德。为作报答，他将此事写成词，由谈氏谱曲，二人四处传唱。不多时，张穆王成人之美的美名，便在中原大地上传唱开来，很多有识之士闻讯都前来投奔。

张穆王的气度与胸怀为他赢得了天下才子的"芳心"，更赢得了千载的美名，显然，他是非常睿智和高明的。我们做人亦应以此为榜样，当然，未必要让妻这么夸张。打个比方，譬如某个下属无意间犯了无足轻重的错误，我们最好不要抓住不放、小题大做、四处宣扬，不妨就睁只眼闭只眼，成人之美，这样自会起到“润物细无声”的效应。

其实这世上本无完人，所以他人有过，我们没有必要苛责。尤其在用人之时，更要扬人之长，避人之短；对有过失的人，哪些能用，哪些不能用，要因人而异，不可一概而论，更不能求全责备，以短盖长。现实生活中，对人同样如此。也只有这样，才能让许多有才能，有个性的人团结在你的周围，帮助你成就事业。

诚然，古君子的思想放在“计划没有变化快”的当代社会，或许会有几分偏颇。但其本质上的要义于我们修身养性、为人处世还是有很大益处的。当有人冒犯我们时，只要不是出自恶意、不是重大原则性的问题，我们完全可以糊涂一点，取其大节，宥其小过，以春雨润物之势俘获对方的身心，这显然会令你收获颇丰。

当然，需要提醒大家的是，我们成人之美固然可以得到对方的回报，但若是因为自己帮助了别人而加以轻视，甚至想凌驾于他人之上，那么“成人之美”也就失去了最初的意义，弄不好还会令你得不偿失。

毫不吝啬地传递你的爱

物质的膨化以及种种社会因素加剧了竞争，导致很多人产生一种幻象：只有成功才能感觉到自己还活着。于是甚至为了成功不择手段。可是爱呢？是不是把它抛弃了？是不是为了成功就可以朋友间背信弃义？是不是为了成功就可以兄弟间相互倾轧？是不是为了成功就可以不顾一切？难道，这就是我们想要的人生？不！这不是！人类组成社会的初衷是为了相互帮扶，共同生存，是为了将爱融合并传递，而不是要培养敌视与伤害！

然而，我们看到的是，这个社会的爱淡了，情少了，可是冷漠却在不断蔓延，且有愈演愈烈之势，比如前文提到的“小悦悦事件”、震惊全国的“药家鑫事件”以及层出不穷的“讹诈事件”“围观事件”……人们对于生命的冷淡，已经到了令人心寒的地步。

诚然，你不去撒播爱也没人能够拿你怎样，但对于灵魂来说，这是一种罪恶。这种罪恶之所以能够大行其道，是因为我们习惯为罪恶找到理由，哪怕是自欺欺人的理由（譬如很多人就把自身的冷漠归咎于南京彭宇案）。可是，你还记得水塘之畔那位“最美孕妇”吗？

一个身怀六甲的女人，自己行动尚且不便，却在女童溺水之际义无反顾地跳水救人。这个平日里有些胆小的平凡女人，怎么敢、怎么会做出如今的惊人之举？那是出于她对“爱”的默默坚守。

事后也有人心疼地“责备”最美孕妇彭伟平：你就不担心肚子里的孩子？其实，正因为她是母亲，她更能体会到母亲失去孩子的痛苦，才会在千钧一发之际舍命相救。如果没有对生活一点一滴的热爱，没有每时每刻对善良的坚守，她又怎会做出如此壮美的举动？其实，人之初性本善，只是我们有太多的人没有像彭伟平一样守住自己的底色。

不过，“爱”其实并未远走，只要你还愿意将它挽留。伸出你温暖的手，当你为别人打开一扇门的同时，上帝也会为你打开一扇窗，让阳光充满你的房间，照亮你的灵魂。

在美国得克萨斯州，一个风雪交加的夜晚，有位名叫马绍尔的年轻人因为汽车抛锚被困在郊外。正当他万分焦急的时候，有一位骑马的男子恰巧经过这里。见此情景，这位男子二话没说便用马帮助马绍尔把汽车拉到了小镇上。事后，当感激不尽的马绍尔拿出不菲的钞票对他表示感谢时，男子却说：“这不需要回报，但我要你给我一个承诺，当别人有困难的时候，你也要尽力帮助他人。”于是，在后来的日子里，马绍尔主动帮助了许许多多的人，并且每次都没有忘记转述那句同样的话。

许多年后的一天，马绍尔被突然暴发的洪水困在了一个孤岛上，一位勇敢的少年冒着被洪水吞噬的危险救了他。当他感谢少年的时候，少年竟然也说出了那句马绍尔曾说过无数次的话：“这不需要回报，但我要你给我一个承诺……”马绍尔的胸中顿时涌起了一股暖暖的激流：“原来，我穿起的这根关于爱的链条，周转了无数的人，最后经过少年还给了我，我一生做的这些好事，全都是为我自己做的！”

如果你种下一盆花，经过细心呵护，花儿开了，它回报你的不只是美丽的色彩和醉人的香气，更会让你感觉到生命蓬勃的生机。同样，我们每传递一份爱，得到的不只是衷心的祝福与回报，还有灵魂的升华。

人的本性其实都是追求真善美的，不要让爱的传递因为外界因素而中断，即使平凡地生活、默默地奉献，同样能引起共鸣、赢得敬重。因为，爱是人生最美的底色。

完成心距突破

——让大家都觉得你就是“自己人”

想要别人在心理上彻底被你吸引，你必须给别人看得见的吸引源。你到底应该做些什么，或许连你自己都不清楚。其实这并不是个难题，你只需要真诚地付出自己的情感，让别人看到你的真情，感受到你的实意，就能缩短彼此的心理距离。

不懂融入就会被排斥在外

在现代社会生存、发展，必须具有较强的竞争力。竞争力是一个综合性的指标，它不仅指才能、素质等方面，还与人际关系有重要关联。有好的人缘，做事时就会得到众人的支持，在竞争中就会处于优势地位。而人缘差的话，在你困难的时候就得不到帮助，甚至还有人会跳出来踹你两脚，这样一来，在竞争中你就会居于劣势。

刘亚军是某中学教师，毕业于知名学府的他知识广博、教学认真，学生对他的评价都还不错，只不过这个人性格又硬又直，和同事的关系始终不太好。即使是相处较近的同事，也是爱理不理、冷冷清清的。学校的教务主任调走了，校长要从教师中提拔一个人担任此职。按资历、能力，刘亚军都是第一人选，因此校长就悄悄找他谈了一次话。没想到这风声刚一放出去，一大群人就找上了校长，这个说不行，那个表示反对，而且都说得头头是道，理由一大堆，不能不叫人心中来回打鼓。说到最后，校长耳软了，终于打消了让刘亚军当教务主任的想法。而能力不如刘亚军，但人缘却很好的孙义却在众人的多方举荐下被提升为教务主任。

究其原因，是因为刘亚军没有真正融入学校这个集体，所以集体中人对他这个圈外人有一种排斥心理，刘亚军虽然能力出众但却最终落选，而他的对手虽然能力不及他，但因为占了个“人和”的优势，反倒成功晋职。很多时候，能力是一个方面，人缘也是一个方面，不管你人缘的好与坏，你在一个位子上至少要融入一个圈子，也就是说，不要讨人厌，让人觉得你就是他们的负担。

有些人可能专心于业务方面，对人际关系的处理很少注意，但你最起码要融入你生活的圈子里，对于单位组织的活动要踊跃参加，不要以自己业务繁忙为由，拒绝参加，对同事及领导要主动打招呼，不要显出一副爱理不理的样子。其实融入并不难，它并不要求你事事都主动，只需你主动响应同事及领导的号召，不做一个人见人厌的人，没事时主动帮帮同事，这样自然而然地你就会成为一个受欢迎的人。

某单位要在年轻工作人员中提拔一位办公室主任，各方面条件都比较符合的人选有两个：杜海和郑伟。总体来看，杜海的条件还要比郑伟好一些，不过郑伟也有他的优势：人缘好，真正与同事们打成一片。杜海外号叫作“不求人”，总是表现得志得意满，一副谁也用不着的样子，因此在单位里，很少有人和他来往。郑伟却正好和他相反，他待人热心，同事们遇到什么事，只要喊一声“小伟”，他马上就乐呵呵地跑过来，这样一来，单位里的人都和他关系不错。这个办公室主任的职位，两人都很看重，明里暗里较起劲儿来。杜海知道自己人缘不好，于是就想在领导那里打开门路，没想到适得其反，送给领导的礼物被推了出来，还惹恼了领导。最后领导决定用投票的形式来推举，结果郑伟得到三十一票，高票当选，而杜海却只得到了可怜的两票。

杜海的悲哀在于，他没有认识到融入集体的重要性，平时不烧香，等到需要用人时再去求已经太晚了，本来他的条件要比郑伟好，但因为他连最起码的公司人际圈都没融入，结果在竞争中一败涂地，所以，杜海应该认真反省一下自己在人际关系方面的做法，否则今后再有类似的竞争，他也很难取胜。

现代社会，人际关系给我们个人发展带来的影响越来越大，所以，我们除了要努力施展自己的才能外，还要注意搞好人脉，你至少要能够融入圈子，让自己有个较好的人缘，这样才能适应日益激烈的竞争，并在竞争中取胜。

善套交情，陌生便不再陌生

我们经常会遇到陌生人，公交车上的邻座，火车里的上下铺，地铁里站在你旁边的人，同乘一部电梯，同在一个屋檐下躲雨，同一个考场的考生，参加同一次面试等，这都是与陌生人打交道的机会，只要你愿意与陌生人接近，你就有机会与对方结识。如果你只是沉默地对待别人，那样的气氛就很尴尬了。因此，在与人初次见面的时候，要懂得与人套交情，结交陌生人。

和陌生人搭讪，套近乎，总是以这样的方式开始："您是哪里人？""哪个学校毕业的？""听口音，你家是南方人……"。初次见面，这些都算是挺好的话题，以此作为开始，继续交谈下去就会容易许多。

其实，这绝不是简单的寒暄，而是以此达到与陌生人套近乎的目的，如果你达到了这个目的，那么，接下来的接触就会容易很多。1984 年 5 月，美国总统里根访问上海复旦大学。在一间大教室里，里根总统面对数百位初次见面的复旦学生，他的开场白是这样说的：

“其实，我和你们学校有着密切的关系。你们的谢希德校长同我的夫人南希，都是美国史密斯学院的校友。照此看来，我和在座各位自然也就都是朋友了！”

此话一出，全场鼓掌。短短的两句话，就使几百位黑头发黄皮肤的中国学生把这位碧眼高鼻的洋总统当成了十分亲近的朋友。接下去的交谈自然十分热烈，气氛极为融洽。里根总统能在如此短的时间内打动如此多的陌生人，拉近心理上的距离，靠的就是他紧紧抓住了彼此之间还算亲近的关系，主动与陌生人套近乎。

外交史上也有一则通过套近乎而成功达成谈判目的轶事：一位日本议员去见总统纳赛尔，由于两人的性格、经历、生活情趣、政治抱负相距甚远，总统对这位日本议员不大感兴趣。日本议员为了不辱使命，搞好与当局的关系，会见前进行了多方面的分析，最后决定以套交情的方式打动纳赛尔，达到会谈的目的。下面是双方的谈话：

议员：阁下，尼罗河与纳赛尔，在我们日本是妇孺皆知的。我与其称阁下为总统，不如称您为上校吧！因为我也曾是军人，也和您一样，跟英国人打过仗。

纳赛尔：唔……

议员：英国人骂您是“尼罗河的希特勒”，他们也骂我是“马来西亚之虎”。我读过阁下的《革命哲学》，曾把它同希特勒《我的奋斗》做比较，发现希特勒是实力至上的，而阁下则注重人情味。

纳赛尔：呵，我所写的那本书，是在革命之后的几个月内匆匆写成的。你说得对，我除了实力之外，还注重人情味。

议员：对呀！我们军人也需要人情。我在马来西亚作战时，一把短刀从不离身，目的不在杀人，而是保卫自己。阿拉伯人现在为独立而战，也正是为了防卫，如同我那时的短刀一样。

纳赛尔：阁下说得真好，以后欢迎你每年来一次。

此时，日本议员顺势转入正题，开始谈两国的关系与贸易，并愉快地合影留念。

通常，面对一个陌生人，只要事前作一番认真的调查研究，往往都可以找到一些或近或远的亲友关系。而当你在见面时及时用上这层关系，就能瞬间缩短心理距离，使对方产生亲近感，特别是突然得知自己面前的陌生人与自己有某种关系时，更有一种惊喜的感觉。从而打破那种陌生感，激活对方说话的心态。

现实生活中，这种献殷勤、套近乎的方法常常用于求别人办事之中，一旦关系密切后，别人就是想拒绝你的请求也难以张口了。

表面看起来，陌生人很生疏，与他套近乎难似上青天，其实不然，因为对方不了解你，同时也不好随便拒绝你。只要话语客气，礼貌表达，多在话里头抛几个“绣球”给他，自然关系就近了。

人若“独”，必然孤独

每个人都有独占鳌头的欲望，当胜利的果实摆在面前，你第一件要做的事情是什么呢？是把它紧紧地抓在手里，还是拿出来和大家一起分享呢？很显然，后者是很明智的。一个人要想具有强大的吸引力，就切记不要只想着吃“独食”，否则别人的认同和帮助就会在无意之间离你远去，而你只能成为一个别人敬而远之的孤家寡人。

成功固然是一件值得喜悦和骄傲的事情，但是喜悦和骄傲的同时，千万不要忘了帮助过自己的人，不管是上司、同事，还是朋友，你一定要学会与大家一起分享荣誉和快乐。只有这样，我们才能维护好人际关系，才能在得到荣誉的同时，为自己赢得不错的人缘。

瑶瑶是一家出版社的编辑，并担任下属的一个杂志的主编，平时在单位里上上下下关系都不错。有一次，她主编的杂志在一次评选中获了大奖，她感到十分荣耀，逢人便提自己的努力与成就，同事们当然也向她表示祝贺。但过了个把月，瑶瑶却失去了往日的笑容。她发现单位同事，包括她的上司和属下，似乎都在有意无意地和她过不去，并回避着她。

瑶瑶为什么会遇到这种情况呢？其实原因简单明了，她犯了“独享荣誉”的错误。这份杂志之所以能得奖，主编的贡献当然很大，但这也离不开其他人的努力，他们当然也应分享这份荣誉。他们不会认为某个人才是唯一的功臣，总是认为“没有功劳也有苦劳”，所以这位主编的表现，当然会引起别人的不满，尤其是瑶瑶的上司，更会因此而产生一种不安全感，害怕她功高盖主。

由此看来，对于一个想拥有吸引力的人来说，与人分享荣誉是多么的重要，尽管有的时候，那只是一句话的事情，但是却能给自己的处境带来翻天覆地的变化。不会与他人分享荣誉的人总会给别人带来一种自以为是的感觉，让人难以亲近。然而，对于那些懂得和大家分享荣誉的人来说，自己永远是大家欢迎的对象，因为他用自己的谦卑和大度感动了身边的每一个人。

吴海燕被老板叫到办公室去了，她领导的团队又为公司的项目开发做出了杰出贡献。送茶进去的秘书出来后告诉大家，老板正在拼命地夸吴海燕，她从来没见过老板那样夸一个人。研发小组的几个人脸沉了下来：“凭什么呀！那并不是她一个人的功劳！”“对呀！为了这个项目，我们连续加了 17 天的班！”正在这时，老板和吴海燕来到了大厅。“伙计们，干得好！”老板把赞赏的目光投向几个组员，“吴部长向我夸赞了你们所付出的努力！听说有两个还带病加班是吗？真诚地谢谢你们！这个月你们可以拿到 3 倍的奖金！”老板话音刚落，几个女同事就冲过去拥住吴海燕一起欢呼起来，大家表示以后一定会跟着吴部长再接再厉。

由此看来，懂得分享的人，才能在最终得到的更多；自私狭隘的人，终将被人抛弃。我们应该明白其中的道理，荣誉到什么时候都不能独吞。否则它虽然会给你带来一时的惊喜，却有可能毁灭了你长足的发展。

分享不仅是一种修养，更是一种共同走向成功的方式。无论是在生活中还是工作中，只要我们学会了分享，我们的吸引力就会增强，我们成功的概率就会多一成胜算，因为在这个多变的世界，单独的成功已经成为过去，共同的成功才是未来。

加点感情戏，以情动人

人际交往中，一切事情都直来直去，毫不修饰未必就好，有时，适当地为交际加点佐料，反而更能换回对方的真心以对。三国时的刘备，在这方面就绝对是位行家里手。

长坂坡一役，赵子龙在曹营杀进杀出，费尽九牛二虎之力，置性命于不顾，才将幼主阿斗救出。赵子龙向刘备复命之时，刘备从赵云手中接过阿斗，非但没有表现出作为父亲应有的舐犊之情，反而将自己的亲生儿子掷之于地，口中说道："为你这乳子，几乎损我一员大将。"赵云眼见此情，立时被感动得热泪盈眶，连忙抱起被刘备抛掷于地的阿斗，跪地便拜："我赵云就是肝脑涂地，也不能报主公的知遇之恩啊！"

这就是俗语所说的"刘备摔孩子——收买人心"。刘备此举，是否出于真心，我们无法考证，但多少是有些演戏的成分在里面的。正所谓"虎毒不食子"！难道刘备就真的忍心将亲生儿子摔死吗？不过，这一摔，算是将赵云的心拴住了，同时也收买了所有将士的人心。堪称是高明啊！

人生在世，我们难免会遇到一些麻烦，如何解决才不至于引起更大的争端，这才是考验一个人做人处世的能力的时候。这种时候，我们同样可以采取以柔克刚、以退为进的手段，做一场好戏给人看，将矛盾巧妙地化解掉。

明正德年间，周金任宣府总督。当时他的属下有个姓冯的侍郎，对待兵士十分苛刻，众人都对他非常不满。有一天，诸军请冯侍郎批些军粮，但无论怎么请求，冯侍郎就是不答应。他还对把总们说："快滚，再向我提出这种要求，我就要命人抽你们鞭子！"

把总们两手空空，一肚子怨气，回去对大家讲了事情的始末，将士们都非常气愤。有人说："真是岂有此理！不批军粮，我们吃什么？"还有一些脾气火爆的就破口大骂，互相撺掇着去找冯侍郎算账，还把府衙团团围住。一时间人头攒动，一触即发，眼看一场兵变就要爆发了。

周金听说此事，就走到院门口，坐下来，大声说："把总在吗？都给我进来！"

各位把总匆匆来见，问是何事。

周金当着那些闹事的士兵的面，厉声呵斥："你们看看，这成什么样子？兵都是好兵，就是你们这些领兵的不好！如果不是你们这些当头的剥削，当兵的怎么会不自爱到这种地步？"

把总们不敢申辩，只得连连称是。

周金越说越气，吩咐下人："来人，用鞭子给我重重地打！看你们今后还敢不敢欺压士兵！"

士兵们初时见周金出来，心中已是惴惴不安，但见周金并未责怪他们，气已经消了一半。此时又见无辜地把总们要受冤挨打，就一拥而入，跪在周金面前求情，并说是冯侍郎贪利，不顾恤士兵。

周金命他们站起来，对他们陈说利害："你们用这种方式，不但解决不了问题，还会把事情弄糟。有什么问题，可以通过上司来解决，闹事没有任何益处。反而让你们有理变无理。"然后又答应为士兵们解决难处，并放了把总们，于是一场危机就这样化解了。

在这件事里，周金的高明之处就在于，他没有处罚那些闹事的士兵，而是要责罚无辜地了他们的上司们，这就是以退为进的手腕，做了场戏给士兵们看。其实士兵们闹事并不是真的想要兵变，只是一时忍不下那口气，但心里都知道这样做不对，也知道认真追究起来是要负很大责任的。但他们看见周金不仅不罚他们，还为他们说话，心中自然感激。这样的处理，就不会引起众怒，也就不会激化矛盾，而是可以让处于怒气中的众人有了一个冷静的机会，一个缓冲的时间，有利于争取人心，以理服人。

周金处理这件事实在是高明。

当然我们不肯定那些虚伪的做戏，不过在必要的时候，在不伤害别人的前提下，演一场好戏给别人看，的确能帮助你将人心收得更紧。

恰如其分做好情感投资

人的一生可以有很多种投资，对于理财的投资，是买股票；对于人缘的投资，是“买心”。买股票所得的资产有限，“买心”的收益则是无限的；买股票有时会吃倒账，“买心”则始终能让自己一呼百应，遇难呈祥；股票是有形资产，“心”则是无形的资产。

所以，聪明人都会在情感投资上大做文章，借此扩大自己的人脉网络，为日后的成功备好充足的“粮草”。在此其中，让别人欠自己的情，就是他们常用的一种手段。

德意志奥托一世（936 ~ 973 年在位）是位才智出众、极有作为的国王。他在 936 年即位后，便开始大力征伐。950 年他先是征服捷克公国（波希米亚）。翌年又进兵意大利，不久占领了伦巴德地区，并与意大利国王的遗孀阿黛拉德结婚，由此而取得了“意大利国王”的称号。

就在此时，德意志境内发生了一次大规模的公爵叛乱，奥托一世遂返回平乱。平乱之后，他又亲率德意志及捷克军队，在奥格斯堡（位于今德国南部）附近的勒赫菲尔特打败了马札尔人骑兵。这一次大捷不仅就此消除了马札尔人的入侵威胁，而且使奥托一世声名大振，一跃而为欧洲自查理大帝以后，又一位最强、最有力的君主。

就在奥托一世离开意大利之时，一位意大利权贵乘机反叛，夺取了意大利王位，并驱逐了教皇约翰十二世。约翰十二世只好请求奥托一世帮忙，这一邀请成为奥托一世再次入侵意大利的最好借口。他立即打点人马，越过白雪皑皑的阿尔卑斯山，重返意大利，很快把叛乱者镇压下去，恢复了自己的意大利王位，也巩固了约翰十二世的教皇地位。

感激涕零的约翰十二世随即使用其教皇特权，于 962 年 2 月 2 日，亲自在罗马为奥托一世举行加冕，把一顶金光灿灿的皇冠戴在奥托一世的头上，封他为“罗马人的皇帝”。

就这样，在查理帝国瓦解 100 余年之后，欧洲崛起了一个“罗马帝国”，它被称为“德意志民族的神圣罗马帝国”。奥托一世由于其巩固德意志国家的显赫功绩而被称为“奥托大帝”。

奥托一世这笔人情生意做得值不值？很显然，再也没有比这更合适的生意了！他接受教皇的求助，统军为意大利平叛，令教皇欠下了自己一个天大的人情。于是，作为报答，教皇使用特权，送给了他一顶皇冠。或许，有人会说奥托一世很虚伪，因为他帮助教皇的真正目的，是为自己找个理由进兵意大利，但你不得不承认，这个理由很正当，而且又使教皇与奥托一世双双获得了巨大收益，将施惠者与受惠者做了一个主次颠倒，这一招用得难道不高明？

说到底，人毕竟是感情动物，有着七情六欲，所以免不了要被情感所左右。善于做人处世的人，都会选择以感情作为切入点，进行人际交往，因为投入一分感情，别人就会以双倍利息的人情回报。而且，感情是越积累越深厚的，而人情债更是永远也还不清的。

人是高级的感情动物，注定要在群体中生活，而组成群体的人又处在不同的阶层。根据不同的人群特色，适当地进行感情投资，做一个成功的情感投资商，让别人欠你的情，你一定会得到丰厚的回报。

鼎力相助困境之人

有人说："你也许会忘记与你一起笑过的人，但不会忘记与你一起哭过的人。"的确，这是人的一个共性，人们对于那些曾与自己共患难的朋友，总是具有一种特别的感情，并对此久久不能忘怀。所以当朋友陷入困境时，我们在了解原因以后，关键时刻不妨帮他一把，助他脱离困境，他自然会对你感激不尽。

当一个人陷入困境时，他处于众叛亲离、孤立无援、十分尴尬的境地，并会伴有灰心丧气、郁闷烦躁、凄凉痛苦、自我解嘲等失意情绪，其心理落差很大，对人情冷暖有了深刻的体验，更加强了他东山再起、恢复以往辉煌和荣耀的决心。因此，对于那些给予他哪怕是点滴帮助的人，都会须臾不忘。在他们看来，越是困难的时刻，越能考验人的真诚，这时的真诚才显得可贵。

某公司业务部副经理高华发现自己的领导这几天满面愁容，无精打采，本来很开朗的一个人，现在变得意志消沉了；原来很快就能处理完的公事，现在到下班时还要剩下很多。总经理对业务部及其领导的工作表现已露出明显的不满。

高华看到这些，真是忧心如焚。他既不想看到公司因业务部的工作不力而遭受损失，也不愿看到本来很有才能的领导被炒“鱿鱼”。

对领导的表现，高华感到不可理解。于是，他从侧面了解了一下情况。原来，领导的妻子得了重病，住进了医院，他白天上班，晚上去陪伴妻子。由于休息不好，再加上时刻担心着病人，因而连日来筋疲力尽，心力交瘁，工作效率也明显降低了。

了解到这些情况，高华对领导的遭遇深表同情，他找机会与领导谈话，请求暂且将领导的一部分工作交给他去做，好使领导能够腾出更多时间照顾病人。

接手工作后，高华一丝不苟，力求将每一项工作都做得圆满，遇到不明白或不熟悉的问题，他主动向领导或同事们请教。在他的努力下，业务部的工作有了明显起色，总经理也露出了满意的微笑。而高华本人也在工作中得到了更多的锻炼。

后来，领导的妻子病愈出院，领导又开始安心工作了。每每谈起这一段经历，领导总是很感激地对高华说：“那时多亏有你鼎力相助，不然的话，公司遭受损失不说，恐怕我自己也早已回家抱孩子了。”总经理也不止一次地说高华是一个很顾全大局的人。

通过这件事，高华得到了公司上下人的尊敬和赞誉，他和其顶头领导更是成了工作上的好“搭档”，生活中的“密友”。

高华显然是个聪明人，像这样能在关键时刻承担起责任，替人分忧，顾全大局的人，有谁会不喜欢呢？

不离不弃，人走茶不凉

很多人喜欢结交那些当权者，因为当权者马上就会为自己送来切实利益，殊不知，有时去那些鲜有人去的冷庙烧上几炷香，往往会为你带来意想不到的收获。

你要知道，但凡热庙，朝拜者必然数不胜数，你再虔诚，也不过是众香客之一，神仙不会对你尤其注意，自然也无法得到他的特别照顾。冷庙则不然，冷庙平时门可罗雀，你去虔诚地上几炷香，神仙必会对你另眼相看，认为你不是趋炎附势之辈。有感于你的虔诚，倘若有朝一日冷庙变成热庙，你的好日子也就随之而来了。

所以说，做人做事一定要有长远的眼光，要在别人遇到困难时主动援助，在别人有事时不计回报，“该出手时就出手”，日积月累，留下来的都是人缘。冷庙烧香，有备无患，这是赢得好人缘的重要原则。

有一个刚进入医药企业的年轻人，准备前去拜访某医院临床主任，该医院一个相熟的医生拦住他：“你不用去拜访他了，他已经下台了，不再是主任了。”

原来，这位主任虽是“医中圣手”，但性格狂傲暴躁，有点恃才傲物的感觉。据说，半年前他曾指着鼻子将院长骂了一顿，所以“下台”似乎已是意料之中的事情了。

这位年轻人不愿意做落井下石的事，他觉得拜访新主任早一点、晚一点都没关系，但老主任若是现在不去拜访，以后见面就会很尴尬了。所以，他问明了新、旧两位主任的办公室位置以后，站在原地略犹豫片刻，还是带着准备好的礼品，首先敲响了老主任的办公室大门。

老主任此时正在办公室闭门思过，年轻人的到来很让他感到惊讶。他有些爱理不理，直言以后不必再找他，他已经不是主任，有事可以去拜访新主任。

年轻人听后，拿出礼品，说道："新主任我日后一定会去拜访的，但这并不妨碍我拜访您啊，您是我们公司的老朋友了，我这次来，是专程来拜访老朋友。"老主任闻听此言很是意外，语气也缓和了很多，他给年轻人写下了新主任的名字和办公室门牌号，说以后合作上的事找他去吧。年轻人只好知趣地告辞，说："那您先忙吧，我下次再来拜访您。"老主任有点抱怨："还有什么可忙的？主任被免了，没什么可忙的了！"年轻人听到以后，转回身对对方说道："您怎么会有这样的想法呢？"老主任显然牢骚满腹，一时还不适应角色调整，站在办公桌后茫然四顾地说："不当主任了，还有什么可忙的？"年轻人一时兴起，脱口而出："不当主任，您还有自己的专业啊，您可是医中圣手！不当主任，关起门来搞学问不是也很好吗？要是都像您这么想，那我们这些大学毕业了却不能从事本专业的人，岂不是都得去跳井了？"

老主任明显愣了一下，或许从来没有人敢这样对他说话吧，更何况对方只是一个小小的业务员。年轻人也觉得自己有些唐突，赶紧将话转到别处："像您这样有学问的人，一定喜欢青莲居士的诗吧？《将进酒》中有两句写得多好——天生我材必有用，千金散尽还复来。您不记得了吗？”这几句话令老主任大为感动，他忙找出纸笔让年轻人写下作者和标题，说自己会去查原文。临出门时，年轻人转过头对老主任说：“其实，很多时候，既成事实已经无法改变，我们不妨就顺应天命一下。无论在什么环境下，我们都应该竭尽全力去发挥自己，这样人生才不会后悔。”年轻人凭着自己初入社会尚存的学子意气，将主任好好劝导了一下，话虽然有几分刺耳，但对于老主任而言却更胜在位时的恭维话。

谁都未曾想到，老主任竟然在被罢免 2 个月之后，又官复原职了！可想而知，年轻人的业绩会怎样？

后来，年轻人因为业绩突出，被调往总部任职，老主任一直对他念念不忘，常到公司去询问年轻人的近况。

平时不烧香，临时抱佛脚，菩萨虽灵，也不会来帮助你的，因为你平时目中没有菩萨，有事才去找，菩萨哪肯心甘情愿地做你的利用工具！所以你应该在平时烧香，表现出你的真诚，不但目中有菩萨，心中也有菩萨，你的烧香，完全出于敬意、而绝不是买卖，一旦有事，你去求他，他对你有情，自肯帮忙。

你的素识之中，有没有怀才不遇的人？如果有，这个朋友，是个有灵的菩萨，应该像看待热庙一样看待他，时常去烧烧香，逢到佳节，送些礼物。他是穷菩萨，你送的礼物，务求实惠。虽然他一时不能还礼，一旦他日后否极泰来，他第一要还的人情账当然是你的。他有还账的能力时，你虽然不去请，他也会自动还你。

即使他仍在坎坷中，请求他帮你，他也一定会尽力去完成，而且不惜乞援于人，以达到你的目的，而实现还人情账的心愿。所以冷庙烧香，是有利而稳健的人情投资。

在应酬中和同事打成一片

社交中的应酬，是一门学问，它可以拉近距离、联系感情。同事间的应酬有很多：小张结婚、大李生子、赵姐升迁、小童生日……你一定要积极一点，帮人凑份子、请客、送礼，因为应酬是最能联系感情的办法，想增强吸引力的朋友一定要抓住它大做文章。

一位同事生日，有人提议大家去庆贺，你也乐意前行，可是去了以后发现，这么多的人，偏偏来为他贺岁，他们为什么不在你生日的时候也来热闹一番？这就是问题所在，这说明你的应酬还不到位，你的人际关系还有欠佳的时候。要扭转这种内心的失落，增强自己的吸引力，你不妨积极主动一些，多找一些借口，在应酬中学会应酬。

比如你新领到一笔奖金，又适逢生日，你可以采取积极的策略，向你所在部门的同事说："今天是我的生日，想请大家吃顿晚饭，敬请光临，记住了，别带礼物。"在这种情形下，不管同事们过去和你的关系如何，这一次都会乐意去捧场的，你也一定会给他们留下一个比较好的印象。

李辰上班已经快半个月了，与同事的关系却还停留在"淡如水"的阶段，看着其他同事彼此间亲亲热热，李辰真是又羡慕又无奈。这天是周五，行政部的王小姐大声宣布："明天我生日，我请大家吃饭，愿意来的呢，明天下午 3 点，在公司门口会合！”大家听了都非常高兴，叽叽喳喳议论个不停，当然，李辰依旧是被冷落的那一个。“去不去呢？人家又没邀请我！”下班后李辰一直在考虑这个问题，最后一咬牙，还是决定去。第二天，他准时来到公司门口，当他把准备好的礼物送给王小姐时，她明显愣了一下，但马上就笑开了，并对李辰表示了热情的欢迎。那一天他们玩得非常尽兴，李辰还两次登台献艺，办公室里的尴尬气氛就这样打开了，李辰也成功地融入了这个集体。

如果没有参加这次应酬，李辰可能还得在办公室的“北极地带”继续徘徊，可见应酬确实是联络感情的最好办法，吃喝笑闹间，双方的距离就被拉近了。

重视应酬，一定要入乡随俗。如果你所在的公司中，升职者有宴请同事的习惯，你一定不要破例，你不请，就会落下一个“小气”的名声。如果人家都没有请过，而你却独开先例，同事们还会以为你太招摇。所以，要按约定俗成来办。这是请与不请、当请则请的问题。

重视应酬，还有一个别人邀请，你去与不去的问题。人家发出了邀请，不答应是不妥的，可是答应以后，一定要三思而后行。

对于深交的同事，有求必应，关系密切，无论何种场面，都能应酬自如。

浅交之人，去也只是应酬，礼尚往来，最好反过来再请别人，从而把关系推向深入。

能去的尽量去，不能去的就千万不能勉强。比如同事间的送旧迎新，由于工作的调动，要分离了，可以去送行；来新人了可以去欢迎。欢送老同事，数年来工作中建立了一定的情缘，去一下合情合理；欢迎新同事就大可不必去凑这个热闹，来日方长，还愁没有见面的机会吗？

重视应酬，不能不送礼，同事之间的礼尚往来，是建立感情、加深关系的物质纽带。

同事在某一件事上帮了你的忙，你事后觉得盛情难却，选了一份礼品登门致谢，既还了人情，又加深了感情，同事间的婚嫁喜庆，根据平日的交情，送去一份贺礼。既添了喜庆的气氛，又巩固了自己的人缘。像这种情况，送礼时要留意轻重之分，一般情况礼到了就行了，千万不要买过于贵重的礼品。

同事间送礼，讲究的是礼尚往来，今天你送给我，我明天再送给你，所以，不论怎样的礼品，应来者不拒，一概收下。他来送礼，你执意不收，岂不叫人没有面子？倘若你估计到送礼者别有图谋，推辞有困难，不能硬把礼品“推”出去，可将礼品暂时收下，然后找一个适当的借口，再回送相同价值的礼品。实在不能收受的礼物，除婉言拒收外，还要有诚恳的道谢。而收受那些非常礼之中的大礼，在可能影响工作大局和令你无法坚持原则的情况下，你硬要撕破脸面不收，也比你日后落个受贿嫌疑强。这叫作“君子爱礼，收之有道”。

应酬，是处理好同事关系的法宝之一，嫌应酬麻烦而躲避它的人，会被人说成是不懂得人情世故，处理好应酬的人必定会受到同事的欢迎。

不动声色拉近上下级关系

人不仅是一种理性的生灵，也是一种感性的生灵。它的一个重要特征就是重视“关系”，也就是感情联络。

怎样才能吸引领导的目光，得到赏识和器重，又让同事拍手称好呢？这就需要运用你智慧的头脑了。

亲近领导要讲究一些方法和原则，否则，你讨好了领导就很可能失去群众的支持；严重的话，可能连领导也会觉得“人言可畏”而放弃对你的“宠爱”！

刚毕业的杨欢和另外七八个年轻人一同被一家向集团化迈进、急需大批新生骨干力量的公司聘用。为了表示对这批“新鲜血液”的厚望和鼓励，领导决定单独宴请他们。

酒店离公司不远，新人们三三两两结伴而行，唯独将领导抛在了一边。落座后，同事们或正襟危坐、谨口慎言，或低头相互私语窃笑，不仅没人上前跟领导搭讪，更将其左右两边的座位空了出来。看见领导强挤出笑容的样子，杨欢赶紧上前解围说：“我建议咱们都往一起凑凑吧！”说完，便很自然地坐在了领导左边的座位上，并对领导投来的赞许目光报以会心一笑。

怎么样，杨欢的做法聪明吧？相信再尖酸刻薄的人也没道理指责她是在“拍马屁”了。本来这次领导就是想和新员工亲近一下，说不定还想借此发掘人才呢！可腼腆的年轻人却辜负了领导的美意，把他晾在一边，他能高兴吗？

其实，其余的人肯定也想在领导面前好好表现，但就是怕别人说自己是“马屁精”，才会退缩的。

一个不能主动为自己争取机会的人，如果被提升，将来管理公司、面对客户或参加为公司争取利益的谈判时，怎么能有魄力和手段呢？如果你是领导，你会提拔这样的人吗？

杨欢是个肯干也会干的人，她知道只有自己制造机会才能接近领导。经过努力，杨欢不止一次在电梯里与领导“不期而遇”。有备而来的杨欢没有像其他人一样，硬着头皮和领导没话找话，而是笑吟吟地和领导打着招呼。要是领导问她最近工作如何，她自然是有条不紊、对答如流，但大多时候领导都会和她聊一些轻松休闲的话题，杨欢全都能随和对答，而且还了解了好多领导的个人爱好，更以此加深了领导对她的印象。

其实，聪明的领导是愿意给员工留下一个和蔼可亲的印象的，他也希望员工对他亲近相随。可因为自卑和恐惧心理作祟，许多人见到领导都唯恐避之不及，何况是在几尺见方的电梯里呢。殊不知领导面对一个拘谨无措、憋得脸红脖子粗的人，也会觉得尴尬呀！

所以，你根本不用害怕没话说，因为一般在这种场合下，领导为了打消你的顾虑是会主动和你闲话家常的，你只把这当作是一次亲近领导的机会，别战战兢兢的就行了。

公司里人多嘴杂，上面又有层层领导，怎样才能让领导看到自己的才能和干劲呢？把自己的工作报告直接呈给领导也太明显了，越级汇报容易让领导觉得你太张扬、太性急了，要是让自己的主管知道，就更是吃不了兜着走。

杨欢是这样做的。她写了一份对公司发展前景的意见报告书给部门经理，经理看后说“很好”，只是有很多建议的实施自己没那么大权力做主。杨欢借机说：“其实我们每个人都有一些建议，不如把领导请来和咱们部门座谈一下，这样不是显得咱们部门的人都有为公司着想、愿与公司共同发展的愿望和决心嘛！”经理一听，有道理，当即邀请领导，领导自然欣然前来。

开会时，出于对杨欢建议的肯定，部门经理安排杨欢和自己分坐领导的左右。在会上，杨欢又大大地表现了一番，当然是在发言上的慷慨陈词了。

会后，同事们都为能有这样一次与领导畅谈自己想法的机会感到兴奋，部门经理更是得到了领导的赞扬。其他部门也争相效仿，谁也没有歪曲杨欢是在抢风头、拍马屁。

要想亲近领导，让他赞赏你，又要上下不露痕迹实在是挺难的，稍微做得过火点儿就容易被冠上“繁荣马屁文化”的“美”名。要是那样，就算领导提拔了你，其他人的风言风语和口水也会淹没了你。但杨欢呢，她可是把“苦干加巧干”贯彻实施得很到位啊！难怪领导喜欢她，群众拥护她。谁想挑理也挑不出了。

基于杨欢的出色表现，公司提前结束了她的试用期。

成为正式员工的杨欢大受鼓舞，她知道这是公司对她的肯定，更是领导对她的肯定。她想把自己的喜悦传达给领导，以证明自己是个知道感恩的人。

经过细心观察，杨欢找到了可以单独接触领导的机会。每天中午，公司里所有人都要去食堂吃午饭，领导总是去得很晚，也许是事情多脱不开，也许是不愿和员工挤在一起“抢饭”，每次领导到食堂时已经没什么人了。

那天中午杨欢借故晚去了食堂，“正好”碰见领导：“董事长，没想到您也在食堂吃饭啊！”杨欢自然达成了心愿，单独和领导有说有笑了一个中午。原来领导也是个挺随和、爱聊天的人。

从那以后，杨欢每隔一段时间就会“不经意”地和领导一起吃午饭。为了避免同事说闲话，她有时借口工作没完，有时出去办事晚回来一点，错过吃饭的高峰期。

也许你会觉得杨欢太有心计了，或是觉得她颇有智慧，但不可否认她的这种做法对自己的职业生涯确实有好处。领导也是人，也需要在业余时间轻松一下，那些见到领导就像老鼠见到猫，总想绕道走的人只会与机会擦肩而过。何况，杨欢也并没有只想着“巴结”领导而放弃对本职工作的钻研，更没有踩着别人往上爬。在职场上，像杨欢这样采取“利己不损人”的正当手段为自己争取机会，实属明智之举。

聪明人会通过种种机会加深与领导的感情，多管齐下，与领导的关系很容易就拉近了。

与客户结成生意外的友谊

很多人坚定认为，与客户谈生意是一件非常严肃的事情，不但要注意礼节，讲究说话，而且交谈的内容只能围绕生意进行。这种想法未免有些极端。事实上，那些聪明人在与客户洽谈时，都会特别注意一些生意以外的东西，这些看似无关紧要的东西很多时候反而能影响到一桩生意的成败。说的明了一些，我们在面对客户时，不妨把客户当成自己的朋友，保持一种对待朋友的心态，这样彼此都不会有拘束感！

我们把客户当成自己的知心朋友，关心他们、鼓励他们，他们也同样会友善地对待自己。与客户建立良好的友谊对于工作有着不可估量的作用。

丹瑞·托玛斯大学毕业后进入一家贸易公司任区域销售总裁，几年以后，建立了十分广阔的人际关系网络。而后，他便转入了保险推销的行业。正是得益于这广阔的人际关系网络，丹瑞的销售业绩直线上升，在他 32 岁的时候，正式成为了美国百万圆桌协会的会员。

丹瑞在推销中总是尽力地鼓励和关心他的客户，客户便从中感到了一种温馨，也把他当成好朋友。十几年来，丹瑞就因业务关系结识了上百个朋友，且大部分都保持着联系。

几年前，丹瑞去拜访一名年轻的律师巴尔，不管丹瑞怎样热情而详细地介绍他的保险产品，巴尔总是以一副冷冰冰的面孔对着他。丹瑞临走时，对他讲，他相信巴尔将来一定能成为这一行业中最出色的律师，还说以后绝不再随便来打扰他了，但是如果不介意，希望能与他保持联系。

巴尔听了以后，马上兴奋起来，问丹瑞怎么看出这一点的。丹瑞说，几个星期前听过他的一次演讲，他认为那次演讲非常精彩，这是他听过的最好的演讲之一。

这些话让巴尔听得眉飞色舞，于是丹瑞乘胜追击，不失时机地向巴尔“请教”演讲的话题，巴尔也非常兴奋地同他讲了一大堆。

最后，当丹瑞离开的时候，巴尔对他讲，希望有机会再和他一起聊聊。

几年以后，巴尔果然在旧金山开了一间自己的律师事务所，成为旧金山几位杰出的律师之一。丹瑞则一直保持着与他十分密切的来往。在这几年里，丹瑞时时不忘鼓励巴尔，并对他表示敬仰，而巴尔也总拿自己的成就来与丹瑞分享。

巴尔的生意蒸蒸日上，丹瑞卖给他的保险也在不断地增长，他们的友谊也不断加深。丹瑞还通过巴尔认识了许多社会名流，储备了更多的潜在客户资源。

其实，人人都渴望他人的信任与支持。如果你真诚地祝愿别人事业成功，恐怕没有人会不喜欢，他们感谢你还都来不及呢。

亚伯拉罕·林肯有句话对我们赢得朋友极有帮助：

“你若想赢得朋友，首先不能让人怀疑你的真诚。你的言谈一定要表现出真诚。虽然他人在判断你的品行时会有些困难，但唯有待人以诚才能赢得信任。”

几年前，法兰克受人之托去打听一位在基拉德信托公司工作的年轻人的情况。当时，那个年轻人刚刚 20 岁出头。法兰克曾跟他做了一笔小生意，所以对他很了解。有一次，法兰克对他说：“你会成为基拉德信托银行的总裁或是高层管理人。”他以为法兰克跟他开玩笑，但法兰克当时便告诉他：“不要把我的话当成玩笑，我很信任你。你年轻、热情、工作业绩突出，人际关系又广，具备了一切成功必备的良好素质。没有什么会阻止你成功的。如果你有志于此，你一定会心想事成的。”

法兰克要求他加入银行的业务，并积极学习演讲。他听了法兰克的建议。有一天，公司召开员工大会，一位高级官员讲了公司面临的困难，希望员工们能提些有益的建议。

面对众人，这位年轻人谈了谈自己解决公司难题的想法。他的话充满激情，令人叹服。会议结束后，他受到许多朋友的祝贺。

第二天，年轻人被叫到办公室。那位高级官员高度称赞了他的表现，并告诉他的部分建议已被银行采纳。

不久，这位年轻人被升为部门经理。如今，他已是另一家大银行的总裁了。

法兰克因与他有这层关系，做起保险十分顺利。

鼓励和关心你的客户，使客户有一种满足感和成就感，把他们当成你的知心朋友，你对他就有了十足的吸引力，而这种吸引力甚至能够帮助你吸引到更多的人脉资源。

识别与揭穿

——看破那些故意被你吸引的伪装者

任何事物既有好的一面，也有不利的一面。人际交往也是如此。你吸引来了好人，他可以为你的事业助燃；你吸引来了别有用心的人，他可能会给你的人生下绊子，甚至捅刀子。所以，看清被吸引者的真实动机，于你而言非常重要。

看透人心的真诚与伪诈

我们希望友情能够永久，能够越经患难越显真诚，但是友情还是经常遭到无情的践踏和破坏。是我们的友情不值得珍视吗？不，是利益的驱动让一些人丧失了良知。人性是复杂的，而我们也要努力使自己能够适应复杂。我们会无比怀念困厄之中朋友伸过来的坚实的手臂，也同样不能不防备真挚友情被某些人无情遗弃甚至加以利用。我们珍视真正的友情，同时也要有效地防止某些人对友谊的不良企图、利用或者欺骗。

那么，我们怎样才能做到这一点？给大家一句忠告："害人之心不可有，防人之心不可无。"想欺骗你感情的人，会对你不停地诉说自己的一切，对你的真诚感情，对你的亲近之心，甚至会声泪俱下，相对来说，他们更关心你的成功，而尽量不去过问你的失败和你的困境。对于这些人，如果你已经看透他们的用意，那么你不可能会让他们成为自己的朋友，但也绝不能让他们成为你的敌人。小人得势的破坏力量往往会超出你的想象，而他们也往往会穷凶极恶，不惜一切地疯狂报复得罪过他们的人。鉴于此，你要心存戒备地周旋，你要装作很乐于接受他们，很被他们的交往之意感动的样子，最重要的原则是，你千万不能伤害他们的表演欲望和对你的亲近之心，毕竟人家也是费了很大力气的嘛！

记住，如果你一时无法确定一个人是敌还是友，而对方又一直将自己的感情掩藏得非常隐蔽，那么给对方一个充分的时间和空间表演自己。时间是判断一个人对你的感情真假的最好凭证。不管对方多么擅长于表演，多么擅长掩饰自己的感情，他也会偶有失误的时候。对方的失误，是你最好的契机，抓住了，对方便会渐露端倪，并最终露出狐狸的尾巴来；如果你无法抓住，或者你一直在寻求与对方共同表演的机会，那么你不但无法看到对方的感情，反而会变成对方眼中的透明物。

如果你足够细心，你就能从别人对你说话的态度上判断你的选择目标，从而能够将人群加以区分。记住，如果你足够老练，如果你细心体会，不管对方多高明，你都会有制敌之术，从而免受伤害。

大千世界，纷繁复杂。人与人之间的关系更是微妙复杂。这就要求我们在与人交往时要努力练就一双“火眼金睛”，善于识别“真朋友”还是“伪朋友”，如果不幸让你碰到一个市侩小人之类的“朋友”，那么你最好对他“敬而远之”，沾上他会令你后患无穷。

分清可深交与不可深交

有益的朋友有三种，有害的朋友也有三种。同正直的人交朋友，同诚实的人交朋友，同见闻广博的人交朋友，这是有益的；同惯于走邪道的人交朋友，同惯于阿谀奉承的人交朋友，同惯于花言巧语的人交朋友，这是有害的。因此，面对复杂的人际关系，应该学会把朋友区分开，这样才能保护自己免受伤害。

有个商人，朋友无数，三教九流都有，他也曾向人夸耀，说他朋友之多，天下第一。

他的邻居，当然也是他的“朋友”之一，曾问他，朋友这么多，你都同等对待吗？

他沉思了片刻，说道：“当然不可以同等对待，要分等级的。”

他表示，自己交朋友都是诚心的，不会利用朋友，也不会欺骗朋友，但别人来和他做朋友却不一定是出于诚心。在他的朋友中，人格高尚的朋友固然很多，但想从他身上获取一点利益、心存坏意的朋友也不在少数。

“对心存歹意、不够诚恳的朋友，我总不能也推心置腹吧，那只会害了我自己呀。”

所以，在不得罪朋友的情况下，他把朋友分了“等级”，有“刎颈之交级”“推心置腹级”“可商大事级”“酒肉朋友级”“点头哈哈级”“保持距离级”等。

他就根据这些等级来决定和对方来往的密度和自己心窗打开的程度。

他曾说：“我过去就是因为对朋友一律同等对待才受到了不少伤害，包括物质上的伤害和心灵上的伤害，所以今天才会把朋友分等级。”

把朋友分等级听来似乎太无情，但听了那位商人员的话，你是否也觉得分等级的确有其必要吧，因为这可以保护自己免受别人的伤害。

要把朋友分等级其实不容易，因为人都有主观的好恶，所以有时会把一片赤心的人当成一肚子坏水的人，也会把凶狠的狼看成友善的狗，甚至在旁人点醒时还不能发现自己的错误，非得到被朋友害了才大梦初醒。所以，要十分客观地将朋友分等级是十分难的，但面对复杂的人性，你非得勉强自己把朋友分等级不可。心理上有分等级的准备，交朋友就会比较冷静客观，可把伤害程度减到最低。

要把朋友分“等级”，对非常重感情的人可能比较难，因为这种人往往在对方尚未把你当朋友时，他早已投入感情；而且把朋友分等级，他也会觉得有罪恶感。

不过，任何事情都要经过学习，慢慢培养这种习惯，走过的路多了，有了一定的人生阅历，自然会理性很多，不用人提醒，也会把朋友分等级了。

分等级，可像前述那位商人一样，也可简单地分为“可深交级”和“不可深交级”。

可深交的，你可以和他分享你的一切，不可深交的，维持基本的礼貌就可以了。这就好比客人来到你家，真正的客人请进客厅，推销员之类的在门口应付应付就行了。

另外，也要根据对方的特性，调整和他们交往的方式。但有一个前提必须记住，不管对方智慧多高或多有钱，一定要是个“好人”才可深交，也就是说，对方和你做朋友的动机必须是纯正的。不过，人常被对方的身份和背景所炫惑，结果把坏人当好人，这是很多人无法避免的错误。

如果你目前平平淡淡或失意不得志，那么不必太急于把朋友分等级，因为你这时的朋友不会太多，还能维持感情的朋友应该不会太差。但当你有成就了，手上握有权和钱时，那时你的朋友就非分等级不可了，因为这时的朋友有很多是另有所图，不是真心的。

预防追随者的反复无常

我们都知道，现实中的绝大部分事业，都是不可能靠单打独斗完成的。在很多时候，面对着隔岸的目标，要想成功越过中间横亘着的惊涛骇浪，我们必须要有同舟共济之人。

“同舟共济”本来的意思，只是大家同乘一条船过河。而现在的意义则是指在困难面前，彼此能够互相救援，同心协力。在通常情况下，同舟共济之人是应当齐心协力乘风破浪的。但天下没有不散的筵席，建立在一定利益基础之上的“同舟”，总有各奔东西的一天。那么，在“同舟”的时候到底应该如何做呢？事实上，在一些时候，同舟之人未必总能共济，因此，我们有必要多长点心眼儿，予以防备。因为一旦同舟之人对你动手脚，那肯定会是又阴又毒的，甚至能一下子置你于死地。

王安石在变法的过程中，视吕惠卿为自己最得力的助手和最知心的朋友，一再向神宗皇帝推荐，并予以重用。朝中之事，无论巨细，王安石全都与吕惠卿商量之后才实施，所有变法的具体内容，都是根据王安石的想法，由吕惠卿事先写成文及实施细则，交付朝廷颁发推行。

当时，变法所遇到的阻力极大，尽管有神宗的支持，但能否成功仍是未知数。在这种情况下，王安石认为，变法的成败关系到两人的身家性命，并一厢情愿地把吕惠卿当成了自己推行变法的主要助手，是可以同甘苦共患难的“同志”。然而，吕惠卿在千方百计讨好王安石，并且积极地投身于变法的同时，却也有自己的小算盘，原来他不过是想通过变法来为自己捞取个人的好处罢了。对于这一点，当时一些有眼光、有远见的大臣早已洞若观火。司马光曾当面对宋神宗说：“吕惠卿可算不了什么人才，将来使王安石遭到天下人反对的事，一定都是吕惠卿干的！”又说：“王安石的确是一名贤相，但他不应该信任吕惠卿。吕惠卿是一个地道的奸邪之辈，他给王安石出谋划策，王安石出面去执行，这样一来，天下之人将王安石和他都看成奸邪了。”后来，司马光被吕惠卿排挤出朝廷，临离京前，一连数次给王安石写信，提醒说：“吕惠卿之类的谄谀小人，现在都依附于你，想借变法之名，作为自己向上爬的资本。在你当政之时，他们对你自然百依百顺。一旦你失势，他们必然又会以出卖你而作为新的晋身之阶。”

王安石对这些话半点也听不进去，他已完全把吕惠卿当成了同舟共济、志同道合的变法同伴。甚至在吕惠卿暗中捣鬼被迫辞去宰相职务时，王安石仍然觉得吕惠卿对自己如同儿子对父亲一般地忠顺，真正能够坚持变法不动摇的，莫过于吕惠卿，便大力推荐吕惠卿担任副宰相职务。

王安石一失势，吕惠卿不仅立刻背叛了王安石，而且为了取王安石的宰相之位而代之，担心王安石还会重新还朝执政，便立即对王安石进行打击陷害。先是将王安石的两个弟弟贬至偏远的外郡，然后便将攻击的矛头直接指向了王安石。

吕惠卿的心肠可谓狠得出奇。当年王安石视他为左膀右臂时，对他无话不谈。一次在讨论一件政事时，因还没有最后拿定主意，王安石便写信嘱咐吕惠卿："这件事先不要让皇上知道。"就在当年"同舟"之时，吕惠卿便有预谋地将这封信留了下来。此时，便以此为把柄，将信交给了皇帝，告王安石一个欺君之罪，他要借皇上的刀，为自己除掉心腹大患。在封建时代，欺君可是一个天大的罪名，轻则贬官削职，重则坐牢杀头。吕惠卿就是希望彻底断送王安石。虽然说最后因宋神宗对王安石还顾念旧情，而没有追究他的"欺君"之罪，但毕竟已被吕惠卿背后的刀子刺得伤痕累累。

人际交往中，永远都不乏这样的人，当你得势时，他恭维你、追随你，仿佛愿意为你赴汤蹈火；但同时也在暗中窥视你、算计你，搜寻和积累着你的失言、失行的证据，作为有朝一日打击你、陷害你的秘密武器。公开的、明显的对手，你可以防备他，像这种以心腹、密友的面目出现的对手，实在令人防不胜防。所以，同舟者未必共济，与人共事时务必要多留防范心。

警惕笑脸背后隐藏的刀子

人际交往中的明争暗斗，往往披着美丽的外衣，你要是被迷惑住了，那就会一败涂地。比如《红楼梦》里的王熙凤，被人称为"明里一盆火，暗里一把刀"，表面上对尤二姐客套亲切，背地里却玩弄各种手段，欲置尤二姐于死地，当然，"当面赔笑脸，背后捅刀子"多半都是因为竞争，王熙凤陷害尤二姐便是为了夺回丈夫的宠爱。所以当你和别人有了竞争关系后，就应该做到心中有数才行。

陈庆和宋善录是好朋友，也是相处不错的同事。他们公司的新经理制定了一个奖励措施，谁创效益最多将给一个特别奖，金额颇为可观。陈庆非常希望获得这笔钱，因为他的孩子明年上大学急需要一笔钱；宋善录也对这笔钱看得很重，因为他爱人整天向他嘀咕谁的老公又挣了辆小车，谁的老公又升了一个职位……宋善录极其希望借着新经理的改革举措，为自己在夫人面前扬眉吐气。陈庆疯狂地跑业务，绞尽脑汁地联系，有时，也将自己的情况诉说给宋善录。陈庆不相信同事之间会失去真诚和友谊，他认为几年来他俩已相处得挺好了。忽然间，陈庆发现自己的一些客户都支支吾吾、言而无信了。他不明白为什么。有人告诉他，他的客户听说他是品行恶劣的人，喜欢擅自将商品掺假，自己从中获取非法利益……总之，关于他的谣传很多。年底的时候，宋善录获得了特别奖。陈庆从宋善录的业绩单上顿悟过来了。他的嘴里不断地喃喃自语：怎么会这样？怎么会这样？

陈庆的失误在于他没有认清这种对立矛盾的现状，反而盲目信任同事。在没有竞争的日子，也许大家能做到彼此相悦，其乐融融，一旦进入角斗场，角色就变成了有“对立矛盾”的人。

在竞争中，除非一方自愿放弃，否则，必然有刀光剑影的闪烁、明枪暗箭的中伤，令人防不胜防、难以回避。

当你棋逢对手时，你的情感、理智、道德、功利都遭遇最大的考验。当你想获得成功的时候，是否不遵守道德准则；当你坦诚地面对竞争者，对方是否正在利用你的善良和诚意进行攻击……

有人就曾对这种表面端笑脸，背后“捅刀子”的做法，做过一番评论：“他们只要能达到自己的目的，别人亡身灭家，卖儿贴妇，都不会顾忌；他们的成功诀窍在于，凶字上面定要蒙一层仁义道德。”“害人之心不可有，防人之心不可无”，我们不去向别人“捅刀子”，但也不能傻傻地等着别人害自己，这就要求我们对这种阴险的人有所防备，竖起警戒网，不给对方机会出“刀子”。

别被糖衣炮弹轰得晕头转向

每个人都喜欢听别人的赞美之辞。然而，很多时候，很多人正是利用我们的这一心理特点，为我们布下了一个甜美的陷阱，他们奖励我们的错误，赞美我们的缺点，对我们的一切行为都不加选择地赞美，于是，很多人都因为沉浸在甜言蜜语里而迷失了自己，让人扼腕叹息。假如说我们还没陷入这种境地，那么不妨先给自己浇一瓢凉水，让自己的心有所警惕。

记得有这样一则故事，很有寓意，想必会给大家带来一些启示：

说是在古朴宁静的小乡村里，有一棵枝叶茂盛的大榕树。在这棵榕树下摆有几张石椅，这里正是村民夏日纳凉的最好去处。

一天中午，熏风习习，有个满头白发的老人正在树下乘凉。在阵阵微风吹拂下，老人家忍不住昏昏欲睡。

忽然，有水滴从天而降，淋得老人家全身都湿了。

他抬头一看，原来不是雨滴，而是树上有个小男孩正在他的头上撒尿，还恶狠狠地扮了一个鬼脸。

“臭小子，你居然在我头上撒尿！下来，看我不揍你一顿才怪！”

老人家指着小男孩大骂，还气得浑身发抖。

谁知小男孩一点也不害怕，还顽皮地吐舌道：“嘻嘻，我才不怕你呢！有本事，你爬上来啊！”

老人气得说不出话来，隔了一会儿，只见他颤抖着手，从口袋里拿了一张 10 元纸币，并放在石椅上，还皮笑肉不笑地说：“好小子，你有种！算我服了你，小小年纪就天不怕地不怕，将来一定有出息！天气这么热，这 10 块钱我请你吃雪糕吧！”

老人说完后，便拄着拐杖，头也不回地走了。

等老人一走远，小男孩便利落地从树上跳下来，开心地拿起老人留下的 10 块钱，心想：“在人家头上撒尿，还能得到钱，这个游戏不错！”

尝到甜头的男孩，第二天故伎重施。这回，树下是一个中年人，他照例对准他的头上撒尿。

看着树下气得七窍生烟的中年人，这个顽皮的小男孩又挑衅地说：“有本事你上来啊！”

没想到这个中年人二话不说，立即爬到树上，将小男孩揪了下来，狠狠地痛打了一顿。

小男孩在尝到甜头后，故伎重施，然而，他不知道自己已落入老人的圈套中，而且每前进一步都是失败的步伐。

由此可见，每个人都是喜欢被赞美，即便是小孩子也不外如是。然而，在这么多歌功颂德的赞词里面，我们究竟能否分清哪些是肺腑之言？那些又是阿谀之语？事实上我们必须认识到，那些过度的赞美说穿了就是另一种极度的虚伪、是有目的的奉承，所以我们听人说话不要只挑好听的听，也不要老是沉浸在甜言蜜语里，因为这些都会使我们迷失方向。

当年《莫斯科时报》曾刊登一则报道，透露了一则趣事。

报道里提到，有一年，俄罗斯总统叶利钦决定，这年夏天要在邻近芬兰的度假胜地卡雷利亚的北部度假，而且在这段休息的时间内，他每天都会去钓鱼。

接到消息的当地官员，为确保总统能够钓到鱼，便暗中在乌克苏泽罗湖里放入一万条鱼。

这个消息是卡雷利亚渔业委员会的一名官员透露的，他说："这是市政府为确保总统能愉快地度假，要求我们做的。"

这名官员还得意地说："其实，叶利钦总统一点也不善于钓鱼。不过，第一天他居然钓了 20 多条鱼，第二天他更是钓了 30 多条，这样的钓鱼技术令当地的渔民惊讶不已，也获得众人一致的赞美。"

当然，关于这个安排，叶利钦本人事先毫不知情，因此为自己的杰出表现感到沾沾自喜。

这就像老布什总统卸任后，有一天突然有感而发地说："自从卸职后，我才发现，比我会打高尔夫球的人居然这么多。"于是他得出这样的体会：当人们有求于我们，或是对我们别有企图时，他们对待我们的方式，就只有"迎合"两个字。于是，我们在迎合的遮掩下，看不见自己的缺点，也无法让自己有任何成长。

发生在这些人身上的事向我们敲响了警钟，它告诉我们：言不由衷的夸大赞美，是许多阿谀之人惯用的方式。事实上，过度的赞美别人会损害我们的人格，而不加选择地接受赞美同样会给我们带来无法弥补的伤害。所以说，给人合适的赞美和懂得聆听真心的赞美，对于每个人而言，都是非常重要的。

无事献殷勤，也许别有用心

有人主动要帮助你时，也许是因为他对你别有企图，不要轻易相信他的话，考虑清楚后再决定是否要接受他的帮助。能够看清“贵人”真面目的是普通人；能够看清他的用意，但却能把他转化成你的“真贵人”的是聪明人。

有一位来自布宜诺斯艾利斯的美丽姑娘，到纽约后无法谋生，想在曼哈顿跳海自杀。一个过路的水手拦住了她：“你怎么想到干这种可怕的事？”她用蹩脚的英语呜咽着说：“我在纽约好几个月了，没有工作，没有钱。我想回家。我妈妈、爸爸在布宜诺斯艾利斯。”

水手听后想了一会儿，对她说：“听着，姑娘。我那艘船今晚启航开往威尔明顿，然后去迈阿密、巴拿马，六个星期后我们就能到达布宜诺斯艾利斯了。我可以把你藏在船上的救生艇里。”

这真是福从天降。当天晚上，水手把她偷偷带上了船，安置在一只救生艇里，上面盖着防水帆布。几小时后，船启航了。

每天，这船从一个港口缓慢地开往另一个港口。晚上，水手给姑娘送去食物和饮料。姑娘对恩人充满感激之情，他们之间的关系也一天天地微妙起来。第九天夜晚，水手吻了她；第十天夜晚，他得到了更多。

真是一场救生艇上的罗曼史，但事情并没有完。

一天清晨，船长发现一只救生艇的防水帆布松了，就动手要扎紧，这下发现了瑟瑟发抖的偷渡者。

“你是什么人？”姑娘吓坏了，只得把自己的冒险经历告诉了船长。

船长皱起了眉头：“老天爷！那无赖叫什么名字？”

“他不是无赖！他仁慈，他好，他……”

“你呀！”船长怒气冲冲地喊道：“这只是一条摆渡船！”

故事中的姑娘很不幸，她把一个骗子当成了“贵人”，这很大程度上也要怪她自己不加判断就轻信了别人，不要以为以一副悲天悯人的面孔来帮助你的就是你的贵人，你应该保持清醒的头脑，看清楚他的真实用意。

我们再来看看另一个姑娘的故事：关雪是一个从农村出来的女孩子，19岁就孤身来到上海打工。她的最大希望是多攒一点钱，然后读夜大，将来再出国留学。上海有成千上万的打工妹，好多人都做着和关雪一样的梦，然而要实现谈何容易。2002年春，20岁的关雪经过自己的辛勤努力，终于进入了一家房地产公司，成为一名售楼小姐。公司规定她每天要穿戴得一丝不苟地带领腰缠万贯的客户前往一幢幢豪华住宅，从地理位置、环境设施、庭宅院落一直介绍到卫生间的最后一个角落，无论客户有多少挑剔多少质疑，她都必须和颜悦色，哪怕客户最后说声“不”，她也要面带微笑道别：“谢谢，浪费您宝贵的时间了！”繁重的工作，让她根本没有多余的时间学习，她几乎要对自己的梦想绝望了。

有一天，来了一位Z老板，他是某投资公司的总裁，有意购买一栋豪华别墅，关雪详细地给他介绍了别墅的情况，但Z老板总是心不在焉地听着，还总是跟关雪闲聊，似乎对关雪比别墅更有兴趣。过了几天，Z老板再次光临，他指定关雪做介绍，并让关雪陪他去看房，最后大手笔地买下了别墅。回来的路上，他认真地对关雪说："小姐，没看到我们公司招聘秘书的广告吗？到我们公司来吧，我会成就你，让你有所作为的！"关雪简直受宠若惊，她不敢相信自己居然有这样好的运气。一个星期后，关雪"应聘"来到了这个让她充满幻想的秘书岗位。她当时还很得意，这家公司在整个东南亚具有很高的知名度，是同行业中的佼佼者，高水平的决策层，员工恪尽职守的敬业精神以及由此产生的高效益堪称商业典范。她暗自庆幸，终于找到了自己人生的最佳的起点。

过了不久，Z 老板找了一个合适的机会约关雪共进晚餐，吃饭的时候他送给关雪一个礼品盒，当她打开礼品盒时，关雪惊呆了。那是她亲自推销的那栋别墅的钥匙和一本印着她名字的房契，看着 Z 老板别有深意的眼睛，她终于知道对方想怎样"造就"她了！

关雪会怎样做呢，大骂对方一顿，然后转身就走，还是留下来享受这一切？都没有。关雪冷静下来，向 Z 老板讲述了自己的经历：因家境窘迫而辍学的痛苦，外出打工的辛劳和不易，梦想难成的失落……讲到动情处，关雪忍不住落下泪来。Z 老板默默无语地听着，最后他站了起来，自嘲地笑着说："其实我也是农村出来的孩子，不知为什么，你的话让我想起了好多事，你——唉！这样吧，如果你还相信我，明天就继续来上班，现在你有充裕的时间可以去夜校读书！这件事就当没发生过吧！"关雪继续她的秘书工作，她在夜校的成绩也很不错，一年半后，公司有一个去美国培训的机会，Z 老板推荐了关雪，现在关雪已经是该公司的海外部经理了。

不是每个贵人都会毫无所图地帮你，但你不能因为对方别有用意就轻易将之定性为"坏人"。你应该学会保护自己不被对方伤害，同时还要让他继续充当你的贵人、继续帮你。就像故事中的关雪所做的那样。当关雪弄清楚Z老板帮她的目的后，并没有冲动行事，跟对方把关系弄僵，而是动之以情，以自己的辛酸经历打动了Z老板。结果Z老板完全放下了对关雪的企图，心甘情愿地成为她的贵人。

贵人不是凭空得来的，你需要自己寻找贵人、激励贵人，并促使一些对你有用的人向贵人转化，哪怕原本他对你别有用心。

不要把蒺藜当成甜枣来吃

蒺藜是扎人的，而且入肉见血；甜枣是养人的，既爽口又补气。有人把这二者“巧妙”地联系在一起，“妙”就“妙”在他送你一只蒺藜的时候，让你看着无论如何都像一只甜枣，等你一口咬下去，则被弄个满嘴流血。

汉景帝的皇后，没有生男孩子，于是生男代后，成了当时后宫嫔妃所追逐的目标。

在后宫妃姬之中，栗姬最先生了个男孩儿。按规矩，这个长男就是皇太子，他的生母栗姬应该立为皇后。但栗姬的嫉妒心很强，给别人的印象很坏，皇帝了解后也自然和她疏远了。栗姬不但对此毫无察觉，反而因为生了男孩，更加得意忘形。景帝曾委托栗姬将来照应其他妃姬所生诸子，她很不高兴，出言不逊，景帝很讨厌她，只因她是皇太子的生母，不能随便把她轰出宫。

妃子中有个也生了男孩的王夫人，她对宫中这种情况了如指掌，悄悄地对一个大臣说："皇后的位子空着总不是事，我想去劝皇帝，让太子的生母栗姬当皇后，你觉得怎么样。"这大臣自然想当"栗皇后"的第一个推荐者，以便将来得宠，于是，马上向景帝进言，"太子的母亲栗姬，不应该再和一般夫人们平起平坐，臣以为宜立为皇后。"景帝正犹豫是否把栗姬轰出门外，却有人建议让她继皇后之位，自然勃然大怒。立即把那位大臣打入监狱，把太子也给废了。栗姬终于"愈恚恨、不得见，以忧死"。结果，王夫人升为皇后，她的儿子，就是后来的汉武帝。

王夫人送了一只大蒺藜让那位大臣心甘情愿地当甜枣吞下去，间接打击了对手。还有一种是直接送蒺藜给别人。

唐玄宗时，有李适之和李林甫两位宰相共同辅政。二人面和心不和，互相勾斗，但表面上还很客气。唐玄宗荒于酒色，穷奢极欲，弄得国库日见空虚，满朝文武都很着急，日夜思谋开源节流之计。最后，皇上也感觉到了财政威胁，下诏让两位宰相想办法。

形势所迫，二人都很着急，但李林甫最关心的却是如何斗倒政敌，独揽大权，看着李适之像热锅上的蚂蚁，李林甫生出一条毒计来。

散朝之后，二人闲扯，李林甫装作无意中说出华山藏金的消息。他看到李适之眼睛一亮，知道目的达到了，便岔开话题说别的。李适之果然中计，忙不迭回家，洗手研墨写起奏章来，陈述了一番开采华山金矿、以应国库急用的主张。

唐玄宗见到奏章大喜，忙召李林甫来商议定夺，李林甫装出欲言又止的样子，玄宗急催："有话快讲！"李林甫压住了声音装作神秘地说："华山有金谁不知？只是这华山是皇家龙脉所在，一旦开矿破了风水，国祚难测。"玄宗听罢点头沉思，那时，风水之说正盛行，认为风水龙脉可波及子孙，保佑国运。而今听得李适之说出了这样的馊主意，玄宗心中当然不高兴。李林甫见有机可乘，忙说 :“听人讲，李适之常在背后议论皇上的生活末节，颇有微词，说不定，这个开矿破风水的主意是他有意……”玄宗心烦意乱，拂袖到后宫去了。李林甫见目的达到，心中暗喜。

自此，玄宗见了李适之就觉得不顺眼，最后，找了个过错，把他革职了。朝廷实权，便落在了李林甫手中。

利益面前，人心难测。所以有人平白无故送给你好处，一定要擦亮眼睛辨别清楚，否则口感不好是小事，吃坏了肠子吃坏了胃就成了大事。

主动“伸援手”的未必是朋友

俗话说“出门靠朋友”，然而也并不是所有的朋友都可以让你安心地去“靠”，选择朋友时还是要仔细甄别，免得一不小心靠在了“冰山”上。

张涵涵去年去了英国，可是初到英国，不仅人地两生，语言也不过关。她那可怜的英语水平连找工作都有障碍。她多想在异国他乡能遇见一个中国人，特别是能够帮助她一下的中国人啊！一周后，她就真的遇见了一个高中时的同学。所谓“久旱逢甘霖，他乡遇故知”，张涵涵当时十分激动。

她这个老同学非常热情，给张涵涵介绍英国的情况，帮她办理许多该办的事务。当然了，这些日子的吃饭等花销都由张涵涵包了。张涵涵非常信任他，他说帮她去办事，她就把信用卡交给他。卡里的钱在迅速减少。老同学解释说，英国不比国内，各种费用都高。张涵涵虽然心中叫苦，但还得感谢他，因为张涵涵如果自己去办，只能像一只无头苍蝇四处乱碰。渐渐地，张涵涵对一些事情熟悉了，及至自己去办时，才发现费用并不像他说得那样高。可他还三天两头来她这里，吃点喝点倒还算了，买他自己的东西，也用她的信用卡。她越来越觉得这个朋友有点靠不住，有点不够朋友，于是决定找个机会和他中断来往。

一天，他照例来吃来喝，张涵涵就拿出 300 英镑，对他说："谢谢你帮了我许多忙。这点钱算是我对你辛劳的一点补偿。我现在情况大体熟悉了，你也有自己的事情要忙，就暂时不再麻烦你了。如果需要时，我再和你联系。"张涵涵给他的钱是在她打听了那里的行情后计算的，并有意算得相当富裕，以此感谢他在她困难时帮了自己。

可是事情出乎张涵涵的意料。"我也正要和你提这个事呢。"他拿起钱数了数说，"对不起，你这钱太少了。这些日子，我一直为你的事奔忙，自己的事情都搁了下来。你至少应当给我这个数的三倍。"

张涵涵手里的钱已经所剩无几，哪里能拿得出他说的三倍来？

看着目瞪口呆的张涵涵，他又提高声音说："如果现在没有也没关系。你可以打一张欠条。"

这也算朋友？简直就是一个无赖！张涵涵一下觉得他是那样丑恶，那样狰狞，那样厚颜无耻。但她没有骂出来，连委屈的泪水也没让它流下来。她只是从心底里默默地责备自己太相信"出门靠朋友"的格言了。眼下这一幕也许就是对自己轻信的一种惩罚吧。想到此，她毫不犹豫地给他打了一张欠条，然后打开门，示意他立马走人。他刚一出门，她就"砰"的一声狠狠地把门撞上。这时，她的泪水流了出来……

当人们刚接触一个新的环境时，面临的一切都是陌生的、不适应的，如果想在这里打拼生活，干一番事业，人际关系就成了非常重要的一环。对朋友的渴望也就因此产生，这就像一个口渴的人，急切地盼望有一杯清凉的水一样，这时如果一杯水送到你面前，恐怕你就会看也不看地倒进嘴里。故事中的女孩就是这样的情形，一个人孤身来到异国，突然碰到一个“故友”，她立刻就毫无保留地相信了对方。然而不是什么朋友都靠得住的，这个女孩就结结实实地靠了一回冰山。被骗了钱不说，心理上还受到了很大打击。

出门在外如果能碰到一个伸手相帮的热血知己，的确是一大快事，但事实上可靠的朋友是有条件的，有了朋友的称呼也未必是真正的朋友。如果你因为人家的热情就完全放下了戒心，那么掉进阴沟里也就不值得大惊小怪了。

出门在外，一定要多加提防，对不熟悉、相交不深的朋友还是留点戒心，没有判断清楚前，千万不要轻易“靠”上去，免得“冻伤”了自己。

没认清好坏就别太实在

每个人都渴望有一个知心的朋友，但人性是复杂的，知人知面难知心。当你真心实意地去对待别人时，很可能会遭到对方的欺骗或背叛，所以与人交往时还是保留一分戒心吧！

一只母野鸭和一条大花蛇成了邻居，野鸭非常热心，它想“远亲不如近邻”，搞好邻里关系，有事彼此还可以照顾着点儿，于是它就经常给大花蛇送点点心什么的，大花蛇对野鸭也很热情，一口一个“大姐”，嘴甜着呢！一段时间后，野鸭当妈妈了，六个小野鸭在窝里跑来跑去，可爱极了。附近的食物吃得差不多了，野鸭妈妈想去远处给孩子们找食物，但又担心孩子的安全，正在为难时，大花蛇跑了过来，自告奋勇地要照顾小野鸭，“大姐，你去找食物吧！我帮你看着孩子！你看它们多可爱呀，我这个当舅舅的一定要照顾好它们！”野鸭妈妈听信了花蛇的话，就放心地飞走了。傍晚，野鸭妈妈满载而归，可是窝里却是空空的。小宝宝哪里去了？野鸭妈妈放下食物，就赶快去找邻居花蛇，一进门就看到花蛇躺在床上，肚子鼓鼓的，嘴边还沾着小野鸭的羽毛呢！野鸭妈妈愤怒地哭骂起来，花蛇却无赖地拍拍肚子说：“大姐，别哭了，它们还不是一只没少吗？说真的，你什么时候再生一窝，味道好极了！”

野鸭会失去孩子就是因为她太早撤去了对朋友的戒心，竟然在不了解花蛇本性的情况下，就将自己的孩子托付给它。有的人可能会觉得野鸭傻的可笑，但在生活中，也有不少人会犯类似的错误。

段磊是一个开朗、热情、待人真诚的人，大学刚毕业，他被分配到一个工厂的计算机房工作。在那里他的年龄最小，又为人诚恳，他把每一个人都看作是自己的朋友。有一次，单位将一个软件设计的任务交给了他的带班师傅，他的这位师傅30来岁，看上去挺和善的，段磊对他丝毫没有防备意识，所以有什么话和事都对他说，包括家里的有些事情。那一次设计，他搞了好长时间也没能弄出来，当时段磊看在眼里，就想到自己曾经接触过这类设计，便毫无保留地说出了自己的思路，还让他上自己的家里一块研究、上机。后来设计成功了，大家都很高兴。可是，在宣布“有功者”时，却没有段磊的名字。

老祖宗一再告诫我们“逢人只说三分话，未可全抛一片心”，但社会上却还是有很多像段磊这样不知江湖险恶的年轻人，跟人家还没有接触多久，就把自己的“真心”交了出去，如果侥幸碰上的是诚实可靠的人，你把“老底”抖给了对方，对方可能会因此和你结成好友，但如果你像段磊一样碰上的是一个老于世故的人，你的真心就会被人利用。所以如果和人初次见面，或才见过几次面，就算你们一见如故，也不应该一下子就把你的心掏出来，也就是说：对还不了解的人，无论说话还是办事，都要有所保留。

友谊的发展都是渐进式的，与其一下子掏出心来，还不如慢慢观察对方，有了了解之后再交心。你可以不虚伪，坦坦荡荡，但绝不能太快把感情投入进去，给自己多留一点时间思考，会让你更好地保护自己。初入社会的年轻人尤其要注意这一点，因为有人会故意利用年轻人的真诚和热情打歪主意。他们会把自己打扮成一个亲切的长辈，几句话就会让你把心掏出来，而他们或者是不“掏心”，或者干脆掏一颗“假心”给你，等你走进他们的圈套，你的日子就不好过了。

在待人处世中，对刚认识的人尤其是对那些摸不清底细的人，千万不要轻易“交心”，对他们太过老实厚道，吃亏受伤害的将是你自己。为自己穿上迷彩服，好好地将自己保护起来，这是你生存于世所必须掌握的基本本领。

有些人只是被你的价值所吸引

客观地说，吸引力的相互作用是因为某种利益或情感的需要。但有些人“被你吸引”也许就只是为了个人利益，他们在情感的伪装下，行着个人的私利，设着阴暗的陷阱，这种行为不易发觉，我们尤其应引起重视。

武东福是湖南衡东现代节能工程有限公司董事长。他是个绝顶聪明的人，也是个白手起家的典范。早在20世纪80年代初，某国防工办搞乳化炸药承载体的实验，请了许多的专家学者也没有成功。只有小学文化程度的武东福听到信息后主动请缨。那是一个火热的年代，是一个需要冒险精神的年代，某国防工办答应了他的请求。要是放到如今，这真是一件无法想象的事情！武东福竟也就将这个众多专家学者也没有搞成的东西搞成了。武东福因此声名大噪，广播有声，电视有影，连中央电视台都来做了专题报道。因为搞的这个乳化炸药承载体与节能有某种技术上的联系，武东福顺势成立了一个节能工程公司。仗着武东福的“名人”效应，公司很快就红红火火。“湖南省第一个百万富翁”、“湖南首富”的帽子落到了武东福的头上。武东福想自己能有今天，全凭与自己一起打天下的那帮农民兄弟的帮助，现在自己富了，他不能亏待了这帮农民兄弟。

武东福成功之后，想着法子帮着他的那些兄弟。他在自己的节能公司底下成立了十几个分公司，好兄弟一人一个。他规定这些分公司只需要向上级公司交一些象征性的管理费，其他赢利都是自己的。这些兄弟怎么回报他呢？他们开始还严格按照规定办事，按期上交管理费，慢慢就有人看出武东福仁慈、好说话，于是管理费不交了，管理费慢慢变成了白条。武东福从来没有要求过他们将白条兑现。不但管理费不交，这些“兄弟”还想方设法从武东福的总公司弄钱。他们要求武东福担保贷款，武东福总是有求必应。再后来，这些兄弟算是看清楚了武东福，认为他是一个软弱无能的人，并且吃定了他。为了照顾与自己一起打江山的这帮农民兄弟的面子，在武东福经营公司的这些年里，衡东现代节能工程公司从来没有向外面招聘过一个高级管理人员和大学生。他的理由是：“这些人进来之后，会看不起我这帮农民兄弟。”

武东福还是一个非常讲社会责任感的人。在衡东当地，到处都竖满了刻有武东福名字的功德碑，几乎每一块碑后，都是一大笔捐款。武东福在公司成立最初，就做出了一个决定：凡是自己获得了 1 块钱的利润，就必须无偿地捐出 8 毛钱给社会，自己只留下 2 毛钱用于发展。不但自己这样做，他同时要求分公司经理，他的那些“农民兄弟”必须三七开，赚一块钱，自己只可留 3 毛，7 毛要捐给社会。这些兄弟们做得到做不到他不知道，反正他自己是严格做到的。

武东福的企业办了十几年，这样靠义气经营的企业，自己的账上竟然没有一分钱的积蓄。分光用尽的办企业方式，企业的发展后劲可想而知。湖南省衡东现代节能工程有限公司在经过最初几年的红火之后，很快就陷入了困境。由红火而至平淡，由平淡而至落寞，可叹武东福竟毫不自知。就是在他最困难的时候，他还捐出了 100 多万元去帮助穷人。

武东福很快变成了一个穷人。2000 年 8 月，武东福因为一张别人拿来抵债的价值 2 万元的虎皮被警方拘捕，入狱 4 个月。当他出来后，发现自己昔日的那些兄弟早已作鸟兽散，十几家分公司只有两家分公司的兄弟还在坚定地等着他，要与他一起东山再起。武东福心灰意冷，将他们尽行遣散，不但如此，他还坚决地与自己几十年来相濡以沫的妻子办理了离婚手续。他的理由是：自己已然如此，何必还要连累别人。

说到底，武东福是落在“义气”、“感情”的陷阱里不能自拔。武东福，做人是个绝对的好人，但是用这样的办法来处理人际关系则非垮不可。“但愿君心似我心”这样的事，在利益团体中哪里去求？他也没有理由要求别人这样做！如果武东福早生个千把年，比如说在大宋时代，在水泊梁山，武东福绝对是个一等一的好汉。但是在今天，在对利益高度关注的现代背景下，我们必须对社交圈的性质有一个准确的判断，如果一个圈子是因为利益而结盟的，我们无法改变它的性质，只有尊崇规矩办事，才是根本。